ÉLÉMENTS

DE

PHYSIOLOGIE GÉNÉRALE

OUVRAGES DE M. JULES SOURY

Philosophie naturelle. 1 vol. (Charpentier).
Bréviaire de l'Histoire du Matérialisme. 1 vol. (Charpentier).
Jésus et les Évangiles. 1 vol. (Charpentier).
Études historiques sur les religions, les arts, la civilisation de l'Asie occidentale et de la Grèce. 1 vol. (Reinwald).
Études de psychologie historique :
    I. Portraits de femmes. 1 vol. (Fischbacher).
    II. Portraits du xviiie siècle. 1 vol. (Charpentier).
Essais de critique religieuse. 1 vol. (E. Leroux).
Théories naturalistes du monde et de la vie dans l'antiquité. 1 vol. (Charpentier).
De Hylozoismo apud Recentiores. 1 vol. (Charpentier).
Des Études hébraïques et exégétiques chez les chrétiens d'Occident au moyen âge. Br.
La Bible et l'archéologie. Br.
Luther exégète de l'Ancien et du Nouveau Testament. Br.
Des doctrines psychologiques contemporaines. Leçon professée à l'Ecole des hautes études. (J.-B. Baillière).

TRADUCTIONS

Essais de psychologie cellulaire. par Ernest Haeckel. 1 vol. de la *Bibliothèque de philosophie contemporaine* (Germer Baillière et C¹ᵉ).
Le règne des protistes. Aperçu sur la morphologie des êtres vivants les plus inférieurs, par Ernest Haeckel. 1 vol. (Reinwald).
Les preuves du transformisme, par Ernest Haeckel. Réponse à Virchow. 1 vol. de la *Bibliothèque de philosophie contemporaine* (Germer Baillière et C¹ᵉ).
Les sciences naturelles et la philosophie de l'inconscient, par Oscar Schmidt. Traduit de l'allemand par Jules Soury et Edouard Meyer. 1 vol. de la *Bibliothèque de philosophie contemporaine* (Germer Baillière et C¹ᵉ).
Histoire littéraire de l'Ancien Testament, par Th. Noeldeke. Traduit de l'allemand par Jules Soury et Hartwig Derenbourg. 1 vol. (Fischbacher).
Histoire de l'évolution du sens des couleurs, par Hugo Magnus, 1 vol. (Reinwald).

Morbid Psychology. — Studies on Jesus and the Gospels. The Freethought Publishing C°, London, 1881.

TOURS. — IMPRIMERIE E. ARRAULT ET Cⁱᵉ

ÉLÉMENTS

DE

PHYSIOLOGIE GÉNÉRALE

PAR

W. PREYER

Professeur de physiologie à l'Université d'Iéna

TRADUIT DE L'ALLEMAND AVEC L'AUTORISATION DE L'AUTEUR

PAR

JULES SOURY

Maître de conférences à l'École pratique des hautes études

PARIS

ANCIENNE LIBRAIRIE GERMER BAILLIÈRE ET Cie

FÉLIX ALCAN, ÉDITEUR

108, Boulevard Saint-Germain, 108

1884

PRÉFACE DE L'AUTEUR

Ces *Éléments de Physiologie générale*, nés de
mes leçons à l'Université, forment l'introduction à la *Physiologie spéciale de l'homme et des
animaux* ; ils peuvent aussi servir d'introduction à la physiologie des végétaux, car ils com-
plètent les traités que l'on possède. Destinés
surtout aux étudiants en médecine et en sciences
naturelles, qui possèdent les premiers principes
de la physique, de la chimie et de l'anatomie, et
s'appliquent à l'étude de la physiologie, ces
Éléments pourront aussi être utiles au médecin
et au naturaliste, en leur présentant, sous une
forme synthétique, les principes de la biologie.
Enfin, ceux qui ne font pas de ces études leur
spécialité, trouveront dans ce petit livre ce qu'il
leur importe de savoir touchant l'histoire et
l'état présent de la science de la vie.

Iéna, 4 mars 1883

PHYSIOLOGIE GÉNÉRALE

INTRODUCTION

I. NATURE ET BUT DE LA PHYSIOLOGIE. — Le but de la physiologie est de décrire et d'expliquer les phénomènes de la vie. Ces phénomènes sont appelés fonctions physiologiques. Seules, les fonctions des corps vivants, en tant qu'ils vivent, sont l'objet de la physiologie. Quant aux propriétés que les corps vivants ont en commun avec tous les corps naturels, telles que l'étendue, la pesanteur, etc., elles ne sont point, comme telles, objet d'étude physiologique. De même, la description de la structure et de la composition chimique des corps vivants n'est pas une partie de la physiologie; comme ni l'une ni l'autre ne sont des fonctions, cette description doit demeurer en dehors de la physiologie proprement dite. Ainsi allégée, celle-ci

peut se déployer plus librement, en se bornant à
l'étude des phénomènes de la vie. La physiologie
pure est donc la science des fonctions de la vie.

II. RAPPORT DE LA PHYSIOLOGIE AVEC LES
AUTRES SCIENCES. — Entre toutes les sciences,
la physiologie est celle qui présente le plus
d'aspects différents, parce que son objet, la vie,
est le plus complexe. Ainsi que toutes les sciences de la nature, la physiologie est une *science
expérimentale*, et, comme la physique, elle doit
d'abord rassembler et établir avec exactitude un
grand nombre de faits particuliers avant de
pouvoir en expliquer un seul. Par là elle ac-
quiert le caractère d'une science naturelle *descriptive*. Elle décrit les phénomènes vitaux indépendamment de toute théorie, ne cherchant qu'à
surprendre, en quelque sorte *in flagranti*, les
processus de ce qui vit. Grâce à ce caractère
distinctif, la physiologie descriptive possède
une place à part et une indépendance absolue
parmi toutes les autres sciences. Comme science
explicative, la physiologie théorique appartient
aux sciences *exactes*, telles que la physique.
Mais elle en diffère en ce qu'elle est surtout
une science *appliquée*, une physique, une chimie, une morphologie appliquées, dont elle se
sert des résultats pour l'étude des phénomènes
physiologiques. Dans les phénomènes naturels,
la physique pure ne voit que des transformations de forces, la chimie pure que des change-

ments matériels, la morphologie pure que des formes qui se modifient : la physiologie pure étudie les phénomènes naturels qui, comme dans les corps vivants, présentent à la fois ces trois ordres de changements.

Les noms même de *physique organique*, de *physique médicale*, de *biophysique*, de *zoophysique* et de *phytophysique* permettent déjà de reconnaître, ainsi que plusieurs expressions qui servent à désigner des parties spéciales de la physiologie, que cette science consiste dans l'application de principes physiques aux phénomènes de la vie : telle est, par exemple, la *biomécanique*, c'est-à-dire la science générale du mouvement des organismes (*biocinétique*), avec les deux subdivisions *biostatique*, ou science de l'équilibre des organismes, et *biodynamique* (*zoodynamique* et *phytodynamique*), ou science des mouvements des organismes, dans le sens propre de *phoronomie*. Ajoutons ici l'*électrophysiologie*, ou science des phénomènes électriques des corps vivants, la *myophysique*, la *neurophysique*, la *psychophysique*, l'*optique* et l'*acoustique physiologiques*.

L'application des sciences physiques — mécanique, acoustique, optique, thermologie, électricité, — à l'étude des phénomènes de la vie, ne constitue cependant qu'une partie, et non la plus considérable, de la physiologie. La chimie n'est pas moins nécessaire pour l'étude des fonctions physiologiques.

La physiologie n'est pas moins une chimie appliquée qu'une physique appliquée.

C'est ce que permettent bien de reconnaître maintes désignations, telles que *biochimie, zoochimie,* ou *chimie animale, phytochimie* ou *chimie végétale.* L'étude chimique des tissus s'appelle *histochimie,* celle des nerfs *neurochimie,* celle des muscles *myochimie,* celle de l'urine *urochimie,* celle du substratum des processus psychiques, *psychochimie.* La biochimie se divise en deux parties : elle isole d'abord les éléments et les combinaisons chimiques préexistantes dans les êtres vivants, puis elle étudie leur formation, leur action réciproque et leur décomposition dans les corps vivants. Cette dernière étude est l'œuvre propre de la *chimie physiologique* qui, si l'on y ajoute la *chimie pathologique,* qui traite des modifications chimiques causées par les maladies, prend le nom de *chimie médicale.* La physiologie pure, puisqu'elle étudie les changements chimiques que présentent les phénomènes vitaux, est donc souvent elle-même chimie physiologique. Mais son œuvre caractéristique consiste dans la chimie et la physique réunies des corps vivants et de toutes leurs parties.

De plus, ce qui accomplit des fonctions, c'est-à-dire l'individu vivant, doit d'abord être analysé dans ses parties. Car, on ne saurait avoir l'idée d'une fonction, si l'on ne connaît pas ce qui fonctionne. Cette anatomie, cette connaissance exacte de la structure des organismes, est le fondement nécessaire de la physiologie. La morphologie des organismes, ou la science de leurs formes et de celles des parties qui les constituent immédiatement, précède la physiologie, et l'anatomie macroscopique et microscopique de l'homme (*anthropotomie*), des animaux (*zootomie*) et des plantes (*phytotomie*), dans toutes leurs parties, est le fondement indispensable de la physiologie. L'*histologie*, l'*embryologie* des corps vivants et l'*anatomie comparée*, ne sont pas seulement des sciences auxiliaires, en quelque sorte, de la science qui traite des fonctions : elles servent de base à cette science et lui fournissent ses sujets d'étude.

La connaissance du développement des parties capables d'accomplir des fonctions, rend seule possible l'intelligence des fonctions biologiques, soit qu'on l'étudie, cette évolution, au point de vue *phylogénétique*, en remontant dans le passé paléontologique des êtres vivants, soit qu'on la suive, chez l'individu, avant et après la naissance, au cours de son développement *embryologique* et *ontogénétique*. Ce n'est qu'en comparant ces parties aux degrés les plus différents de leur développement que l'on découvrira le lien de la fonction avec son substratum organique.

Par là, la physiologie a d'étroits rapports avec la *zoologie* et la *botanique* ainsi qu'avec l'*anthropologie*. D'après la nature des sujets d'étude, il y a lieu aussi de distinguer une *anthropophysiologie*, une *zoophysiologie* et une *phytophysiologie*. De celles-ci enfin se détache une *physiologie des protistes*, c'est-à-dire des êtres qui ne sont ni des végétaux ni des animaux.

Tandis que ces sciences physiologiques reçoivent leur aliment des différentes disciplines que nous avons nommées, elles fournissent à leur tour la matière d'autres sciences, notamment de la *pathologie*. Une partie spéciale de celle-ci, la *pathologie expérimentale*, ou *physiologie pathologique*, est appliquée aux organismes malades. L'*anatomie pathologique*, pour expliquer les phénomènes anormaux constatés sur le cadavre, doit connaître l'état normal des fonctions. La *tératologie* attend de la physiologie des lumières sur les causes des monstruosités qu'elle étudie. Dans presque toutes leurs parties, la médecine pratique, celle des animaux et celle des plantes (*zoopathologie* et *phytopathologie*), dépendent de la physiologie, laquelle leur livre les moyens de reconnaître les maladies (diagnose), de les éviter (prophylaxie) et de les soigner (thérapie), et leur en révèle les causes (étiologie). La *chirurgie* peut aussi peu se passer que la *gynécologie* de fortes connaissances physiologiques. C'est l'ophthalmologie (*ophthalmiatrique*) qui jusqu'ici a tiré la plus grande utilité de la physiologie.

La *psychiatrie* ou *psychopathologie* attend surtout beaucoup de la physiologie du système nerveux. Pour le jeune médecin, quelle que soit la spécialité à laquelle il compte se consacrer plus tard, l'étude et la pratique constante de la physiologie s'imposent déjà par cette raison que, pour reconnaître une maladie ou une altération de la santé, on doit, avant tout, connaître aussi exactement que possible le corps vivant à l'état sain, avec ses phénomènes complexes. Le traitement des malades exige qu'on possède cette connaissance. La *pharmacologie* et la *toxicologie* scientifiques travaillent de plus en plus à s'affranchir de l'empirique *post hoc, ergo propter hoc*, si étranger à toute critique, et tendent à constituer sur des bases rationnelles leurs prescriptions. Ce n'est que par l'étude des effets physiologiques des médicaments et des poisons que le médecin peut se rendre compte de ce qu'il fait en ordonnant un remède. Enfin, l'*électrothérapie* est la fille de l'électrophysiologie.

L'*hygiène* repose aussi essentiellement sur la physiologie : elle doit connaître les conditions nécessaires à la conservation de la santé, avant de pouvoir indiquer les mesures requises à cet effet. Ces conditions, la physiologie les révèle en étudiant les conditions de la vie, en d'autres termes, les conditions sous lesquelles les phénomènes vitaux sont seulement capables d'échapper aux troubles et aux perturbations fonctionnelles.

L'*agronomie* est également, dans ses branches principales, une physiologie animale et végétale appliquée, surtout une science de l'alimentation. Celui qui veut se former aux enseignements de cette discipline, si utile au bien de l'humanité, et comprendre comment les éléments inorganiques du sol sont transformés par les plantes et par les animaux en pain, en viande, en lait et en œufs, celui-là doit posséder une solide instruction physiologique : la physiologie exerce une influence capitale sur la science de l'agronome, du cultivateur et de l'éleveur. La physiologie végétale est naturellement très utile à l'économie forestière rationnelle.

Plusieurs disciplines qui n'appartiennent pas proprement aux sciences de la nature ne laissent pas d'interroger la physiologie en maintes questions. C'est ainsi que, sans une base expérimentale de la théorie de la sensibilité *(Empfindungslehre)*, due à la physiologie des organes des sens, la *psychologie* ne saurait faire aucun progrès.

Nombre de questions de la *médecine légale* ne peuvent recevoir de réponse que sur le terrain de l'investigation physiologique.

L'économie politique, la *pédagogie*, *l'histoire de la civilisation*, la *linguistique*, la *morale*, *l'esthétique*, quelque éloigné de la physiologie que soit le but qu'elles se proposent, doivent, pour l'atteindre, prendre souvent conseil de cette science, et avoir égard à maints faits qui concernent la nutrition, les fonctions du cerveau, la voix, le langage et l'activité des sens.

Entre toutes les sciences, la physiologie est le moyen le plus efficace pour LA CONNAISSANCE DE SOI-MÊME ET DES HOMMES. Celui qui sait quels rapports existent entre les diverses fonctions de son propre corps, et combien toutes les fonctions psychiques en particulier, les sentiments, la volonté, la pensée, le caractère, le tempérament, dépendent de la nature du substratum physique, celui-là jugera et lui-même et les autres avec plus d'équité que l'homme ignorant en physiologie ; dans l'*éducation*, il attachera la plus grande importance à ce qu'on commence par constituer un corps sain, et il ne prétendra pas, négligeant l'éducation physique, former une âme forte dans un corps débile.

Quant aux sciences abstraites, — *logique, mathématique, théorie de la connaissance* — l'importance de la physiologie y est manifeste, puisque ce n'est que d'elle qu'on peut attendre la connaissance des conditions des actes psychiques sur lesquels reposent ces disciplines. A leur tour, ces sciences sont des instruments indispensables pour la mise en valeur des faits et des explications physiologiques.

Indiquer comme les seules possibles les explications qu'on donne des phénomènes de la vie, c'est-à-dire démontrer que ces interprétations ont leurs conditions nécessaires dans la nature propre de nos moyens de connaître, ce n'est plus la tâche de la physiologie, mais bien celle de la *philosophie*, qui, ainsi que les autres sciences dont nous avons fait mention, et bien qu'elle ait beaucoup à recevoir de la physiologie, doit être considérée comme une science auxiliaire de celle-ci, non seulement parce qu'elle peut donner l'impulsion à de nouvelles recherches, mais parce qu'elle peut jeter une lumière nouvelle sur certains points obscurs.

Comme *objet d'enseignement*, la physiologie occupe une place toute particulière. Elle est proprement une science naturelle; la plupart du temps cependant elle figure dans l'enseignement de la faculté de médecine, parce que ses cours sont surtout suivis par de jeunes médecins. Mais la physiologie ne doit en aucune manière rester toujours inféodée à la médecine, et un grand nombre de ses résultats pourraient être enseignés d'une façon élémentaire, pour le plus grand bien de la jeunesse, dans d'autres écoles que les Universités. Toutefois, pour l'intelligence des leçons de physiologie qu'on donne à l'Université, l'étude préalable de l'anatomie, de la physique et de la chimie, est indispensable, ainsi qu'il paraît bien par ce qui a été dit plus haut.

III. MÉTHODE ET TECHNIQUE DE LA PHYSIOLOGIE. — La physiologie, pour étudier ces changements des corps vivants qui sont les phénomènes vitaux, isole ces phénomènes, synthétise sous forme de lois ou de faits généraux, les faits particuliers qui ont été découverts, et recherche les causes des lois, là où elle ne doit pas se contenter de·la simple constatation de celles-ci, et de leur expression en une formule approximative.

1. La première tâche du physiologiste est donc empirique : elle consiste à isoler entre eux et des autres phénomènes les différents processus vitaux. L'instrument de cette analyse est l'*observation* et l'*expérience*. Les corps vivants sont considérés :

a. Dans l'observation, à l'état naturel et dans leur milieu naturel ;

b. Dans l'expérimentation : α à l'état naturel dans un milieu artificiellement modifié ; β dans un état artificiellement modifié et dans un milieu naturel ; γ dans un état et dans un milieu artificiellement modifiés.

L'observation aussi bien que l'expérience doivent s'étendre aux corps vivants les plus différents, pris aux degrés de développement les plus divers, parce que ce qui a été constaté pour un groupe ou pour un état de développement, n'a de valeur que pour ce groupe et cet état, et que, si on ne les compare avec de plus simples, les phénomènes compliqués de la vie ne peuvent être compris.

D'autre part, on doit se garder d'étendre immédiatement à l'homme tous les résultats obtenus sur les animaux, quel que soit le nombre de ces animaux, parce que déjà son organisation, mais en particulier son cerveau, sont beaucoup plus complexes que ceux d'aucun autre animal.

Dans toutes les observations et expérimentations, il faut soigneusement distinguer l'état dans lequel se trouvent les objets d'observation et d'expérimentation parfaitement vivants et sains, de l'état de ceux qui se trouvent soit à l'état de préparation, soit seulement en partie vivants, soit malades, ou même morts. Cette distinction a été souvent oubliée, et de graves erreurs en sont résultées, attendu qu'on a conclu sans aucun droit (surtout en électrophysiologie) de faits observés sur le mort ou le mourant à des rapports semblables sur le vivant.

La technique des observations et des expériences physiologiques est très compliquée : elle est née, d'une part, des méthodes élaborées au sein des laboratoires de physique et de chimie, et, d'autre part, des différents modes opératoires usités en chirurgie et en anatomie. Mais un grand nombre de procédés ont été découverts pour la première fois dans les laboratoires de physiologie ; tels sont ceux, par exemple, qui ont pour but d'empêcher la production de ces perturbations causées involontairement par l'intervention même de l'opérateur : les opérations des physiologistes sur les animaux vivants, les vivisections, ne serait-ce que par le fait de saisir et d'attacher l'animal, mettent déjà dans un état anormal l'animal en expérience. Il suit de là que les résultats obtenus sur les animaux sont très souvent défectueux.

Mais les *vivisections* ne peuvent être remplacées par rien, et, là où elles sont interdites par la loi, la physiologie ne saurait faire de progrès. Toutes les autres investigations pour établir la nature des fonctions des animaux et des végétaux sont, de tous points, insuffisantes.

Ces recherches doivent être poursuivies sur une vaste échelle, avec les ressources si abondantes de la physiologie, dans les établissements scientifiques d'agronomie, dans les jardins zoologiques et botaniques, dans les aquariums et terrariums. La zootechnie, c'est la physiologie pratique. L'étude physiologique des animaux et des végétaux vivants pélagiques sur les côtes de la mer promet de fécondes découvertes. Le naturaliste voyageur se borne d'ordinaire à collectionner quelques observations physiologiques faites par occasion; mais, s'il part en voyage muni d'instructions spéciales, et avec les instruments nécessaires pour instituer des recherches aux lieux et places déterminés (en particulier aux Tropiques), il peut être assuré de rendre à la science qu'il cultive de meilleurs services.

Enfin, le physiologiste a le devoir non seulement de s'observer lui-même et d'observer les autres hommes, mais d'expérimenter sur lui-même, sur les enfants, sur les adolescents, sur

les adultes, surtout dans les grands établissements médicaux, dans les limites où la santé
des malades n'a point à en souffrir.

La vivisection sur l'homme est souvent remplacée par les maladies, et les cliniques offrent
la meilleure occasion de faire, sur l'homme, des
découvertes physiologiques, surtout lorsqu'un
soigneux examen macroscopique et microscopique des cadavres permet de reconnaître les
rapports constants qui existent entre certaines
parties anatomiquement déterminables, et de
rattacher aux troubles fonctionnels observés
pendant la vie, les diverses lésions pathologiques.
L'anatomie pathologique devient ainsi de la plus
haute importance pour la physiologie de l'homme.

2. Quand les phénomènes particuliers ont été
distingués les uns des autres et étudiés à part,
alors commence l'autre tâche, non plus empirique, mais abstraite, du physiologiste : elle
consiste à expliquer ces phénomènes en rédui-
sant par la synthèse, à des principes communs,
les faits découverts par l'analyse.

Croire que quelque chose est tel ou tel, tenir
pour vrai quoi que ce soit pour des raisons subjectives, en dépit de la preuve objective, ou sans
raison suffisante et expérimentale, est tout ce
qu'il y a de plus opposé aux méthodes d'investigation en physiologie. Les dogmes ou matières
de foi, qui sont inconciliables avec la raison pure
et avec l'expérience, ne peuvent guère être considérés en physiologie que comme objets d'étude

psychophysiologique, en tant que la possibilité de leur existence et leur grande influence sur le progrès des sciences naturelles repose sur des conditions physiologiques. Ce qui caractérise les dogmes, ce n'est pas seulement qu'ils ne sont point prouvés, c'est qu'il est de leur nature de ne pouvoir l'être, et, néanmoins, d'être tenus pour vrais. Ils ne sauraient donc appartenir à une science exacte telle que la physiologie.

En revanche, être de telle ou telle opinion provisoire, tenir quelque chose pour vrai en vertu de raisons d'ailleurs subjectivement et objectivement insuffisantes, est indispensable au progrès de la physiologie. Les matières d'opinion ou *hypothèses* peuvent être vraies, mais il reste à en fournir la preuve par la raison ou l'expérience. Lorsque les motifs de vraisemblance s'accroissent en faveur de la justesse d'une hypothèse, on lui donne le nom de *théorie*.

La seule croyance au vrai pleinement satisfaisante est celle qui est tirée de raisons subjectivement et objectivement suffisantes : c'est la *science*. Ce qu'on *sait*, ou le *fait*, en physiologie comme dans toutes les autres sciences de la nature, se reconnaît par là, qu'en tout temps, soit par l'expérience (observation et expérimentation), soit par la voie déductive du raisonnement et de la mathématique, on peut administrer la preuve de son existence. Le fait constitue seul la substance des doctrines physiologiques.

Accepter un fait pour vrai en vertu de raisons objectivement suffisantes, mais qui, subjectivement, ne le sont pas, par conséquent en résistant, ou sans l'entière et intime satisfaction que procure la certitude, est chose qui arrive souvent dans les découvertes de la physiologie et donne carrière au doute, cette source de toute vérité. Le pressentiment ou la divination peut, grâce à une réflexion soutenue, à laquelle l'imagination donne des ailes, nous mener sur la voie qui relie les uns avec les autres les faits physiologiques. La valeur de l' « aperçu » physiologique n'est pourtant que simplement heuristique, et, s'il est vrai qu'avant chaque expérience physiologique, la question à adresser à la nature doive être pleinement claire pour l'expérimentateur, il est cependant certain que mainte découverte physiologique a été due simplement au hasard. Mais celui-ci donne facilement naissance à une fiction physiologique qui peut se perpétuer longtemps, au grand dommage de la science, et dont la seule utilité indirecte est d'aiguiser la pénétration de la critique.

Tout système physiologique, qui prétend à être complet, est forcé de remplir par des suppositions les nombreuses et vastes lacunes de la science. Or comme ces suppositions sont toujours de nature subjective, il n'existe aucun système de physiologie qui jouisse de l'approbation générale. La physiologie ne peut encore montrer comment tous les phénomènes de la vie se

développent les uns des autres. Il lui manque
des principes beaucoup plus simples encore.
Quand des séries de faits particuliers ont été
réunies sous des lois, quand l'étendue de ces
lois a été exactement déterminée, alors la cause
soupçonnée ou devinée est soumise à l'épreuve
expérimentale. Mais, même lorsque cette épreuve
à laquelle on soumet l'hypothèse ne révèle rien
contre elle, on ne saurait prouver, dans tout le
domaine de la physiologie, qu'elle est certaine.
On n'atteint toujours qu'une vraisemblance,
laquelle, à la vérité, peut devenir assez grande
pour que, si le nombre des expériences concor-
dantes s'accroît sans cesse avec le temps, personne ne doute plus du résultat.

Si, à cet égard, la physiologie présente tous
les côtés faibles des sciences inductives, elle est
pourtant capable, en plusieurs de ses parties,
d'être traitée aussi rigoureusement que la physique mathématique par la voie déductive. L'application des mathématiques aux problèmes de
mécanique, d'optique, d'acoustique, d'électricité
et de thermique physiologiques a déjà, plus
d'une fois, montré la fécondité du procédé dé-
déductif. Seulement les hypothèses qu'il est ici
nécessaire de faire ne sauraient en aucun cas
être considérées, à cause de la complexité de
l'objet, comme uniquement légitimes et, partant,
la difficulté de reconnaître une loi physiologique
comme la conséquence nécessaire d'une loi naturelle, restera toujours grande.

PREMIÈRE PARTIE

HISTOIRE DE LA PHYSIOLOGIE

I. LE NOM. — II. DIVISIONS DE L'HISTOIRE. LES CINQ PÉRIODES.
III. LE DÉVELOPPEMENT GÉNÉRAL.
IV. BIBLIOGRAPHIE PHYSIOLOGIQUE.

CHAPITRE PREMIER

LE NOM

La science des phénomènes de la vie ne s'est pas toujours appelée « physiologie » : ce mot avait anciennement une tout autre acception qu'aujourd'hui. Les Grecs appelaient φύσις non seulement la *nature vivante*, le principe qui enfante et fait croître les êtres (φύω), mais aussi l'ordre de la nature et la nature en général. Le mot se rapportait aussi aux corps et aux forces inanimés, comme c'est encore le cas aujourd'hui pour le mot « physique ». On doit donc souvent traduire φυσιολογία par « connaissance de la nature, science de la nature, science naturelle, » *natura* désignant, non seulement tout ce qui naît, mais encore les êtres inorganiques.

Mais, en outre, « physiologie » avait exactement le même sens que « philosophie de la nature », et cette dernière expression avait plusieurs sens qui variaient avec l'idée qu'on attache au mot nature. Ce qu'on a appelé « physiologie rationnelle » ou « physiologie de la raison pure », tentait de définir la nature par les concepts et les principes de la raison pure et faisait abstraction de l'expérience. La « physiologie immanente » considérait la nature, même au seul point de vue philosophique, comme objet d'expérience, en tant qu'elle est donnée par l'intuition sensible : c'était la *natura naturata* de la scholastique. Au contraire, la « physiologie transcendante », anempirique, spéculait sur les « choses en soi », qui sont au delà de l'expérience, partant sur la *natura naturans*. La « philosophie de la nature » reçut aussi de nouveau le nom de « physiologie » au commencment du dix-neuvième siècle, et, en tant qu'elle reposait sur l'expérience, celui de « physiologie expérimentale ». Toutes ces expressions ont un sens essentiellement différent de celui du mot « biologie » (Lebenslehre), et, comme « physiologie transcendante » (science imaginaire de la nature, dénuée de toute preuve expérimentale) ne sont guère intelligibles que pour quelques métaphysiciens.

Nulle part, dans l'antiquité ni au moyen âge, le sujet propre de la physiologie ou investigation de la nature, au sens le plus large du mot,

n'a été borné à l'étude de la vie. Au moyen âge,
une série de sciences non encore différenciées
les unes des autres la précéda, et, pas plus que
dans l'antiquité classique, il n'exista de biologie,
au sens de la physiologie moderne, distincte de
la philosophie, de l'anatomie, de la pathologie.
Des expressions telles que *philosophia corporis
vivi*, *philosophia hominis*, *biosophia*, et *micro-
cosmographie* se rapportent aussi à la théorie des
maladies.

L'histoire de la physiologie se rencontrant
dans ses commencements avec celle de la connaissance de la nature, partant avec la philosophie naturelle, avec les spéculations des « physiologues ioniens », elle est intimement mêlée avec
l'*histoire de la médecine;* de là les noms de *pars na-
turalis medicinæ*, de *médecine théorétique*, et,
comme on dit encore aujourd'hui, de *médecine
expérimentale*, laquelle ne constitue qu'une partie seulement de notre physiologie, et correspond
plutôt à la pathologie expérimentale. La *physiologia corporis humani* portait aussi le nom d'an-
thropologia, et la physiologie tout entière celui
d'*æconomia animalis* ou « dynamologie », ou
« physiognosie », ou enfin *physiologice* (ἐπιστήμη
φυσιολογική).

Aujourd'hui, la science qui traite de la vie est
appelée, dans le sens le plus général, *biologie*,
et, dans un sens moins étendu, *physiologie* : la
première comprend l'étude des phénomènes morphologiques et chimiques des corps vivants, sains

et malades, de leurs conditions d'existence, et de toutes les sciences auxiliaires biologiques qui s'y rapportent, — zoologie et phytologie, géographie des plantes et des animaux; la seconde est la science des fonctions des êtres vivants.

Bionomie est une bonne expression pour physiologie générale. Ce mot indique bien qu'il s'agit des lois générales de tous les phénomènes de la vie. La physiologie spéciale, l'étude en particulier des corps vivants, s'occupe, elle, de la description et de l'explication de ces phénomènes en partant des principes bionomiques.

Par conséquent, la physiologie générale doit être appelée *bionomie*, la physiologie spéciale *biognosie*. La première se divise en zoonomie et en phytonomie, la seconde en zoognosie et en phytognosie, selon que les fonctions des animaux ou celles des végétaux sont considérées en général ou en particulier.

En ce sens, la physiologie est une science jeune; mais, si l'on recherche son origine, il faut remonter jusqu'aux commencements de la philosophie de la nature et même de l'art de guérir. La physiologie est la fille de la médecine pratique. Mais, plus cette science, la physiolologie, dont les progrès furent d'abord très lents, puis toujours plus rapides, se développa, plus la médecine, sa mère, reçut d'elle de précieuses lumières, si bien qu'aujourd'hui les rapports sont inverses: c'est la médecine pratique qui dépend de la physiologie. Pour son développement, les progrès de l'anatomie ont surtout été décisifs ; mais c'est à ceux de la physique et de la chimie qu'elle doit d'être constituée comme science indépendante. Les fonctions physiologiques ne pouvaient être traitées et expliquées d'une manière vraiment scientifique qu'après que les sciences exactes proprement dites avaient été fondées, c'est-à-dire depuis Galilée et Newton.

CHAPITRE II

L'histoire de la physiologie dans son ensemble peut être divisée en cinq périodes, dont chacune, en dehors de la première, période spéculative, est caractérisée par un grand physiologiste, la quatrième par deux, c'est à savoir : Aristote (II), Galien (III), Harvey et Haller (IV), et Jean Müller (IV).

Première période.

La première période commence avec les débuts de la médecine dans l'Inde, en Chine et en Egypte. Dans les traditions écrites venues jusqu'à nous on rencontre souvent, à côté des idées les plus bizarres sur le feu, qui anime le corps, des assertions d'une étonnante justesse, sur le sang, par exemple, qui provient du chyle. Chez les Juifs, maintes prescriptions diététiques et hygiéniques permettent de supposer, déjà vers 1500, certaines connaissances physiologiques.

Mais les essais d'explication des phénomènes de la vie avaient pour bases les hypothèses arbitraires et imaginaires de quatre ou cinq éléments, des démons, etc.

Les spéculations de THALÈS de Milet (né en 639) et des philosophes naturalistes ioniens, — des *physiologues* — s'occupent de *l'origine de la vie*. Thalès estimait qu'il la fallait chercher dans l'état d'agrégation liquide de la matière, dans l'*eau*, principe auquel tout retournait. ANAXIMANDRE de Milet (né en 610) supposa à la place de l'eau une *matière indéterminée* (ἀθάνατον καὶ ἀνώλεθρον), qui aurait été plus dense que l'air et plus subtile que l'eau Le principe des choses (ἀρχή) était en tout cas, d'après lui, au-delà de l'expérience, inconnaissable (ἄπειρον) (1); c'était un mélange de différents éléments. Les animaux en étaient nés, dans le limon, sous l'influence du soleil, qui y produisait des bulles. Enfin l'homme se développa d'un être pisciforme qui vivait dans l'eau; sur la terre émergée, cet être fut le premier anthropoïde. Cette descendance de l'homme d'ancêtres animaux, qu'on a si souvent raillée, est une des plus remarquables divinations de l'antiquité. Seulement, elle ne pouvait

---

(1) Le sens traditionnel du mot ἄπειρον, dans le sytème d'Anaximandre, est l'*illimité* ou l'*infini*, — une matière infinie quant à la masse. Car il n'y a, disait Anaximandre, que l'infini qui ne s'épuise pas en engendrant perpétuellement. Cette matière primordiale, éternelle et éternellement en mouvement, est conçue comme *vivante* par Anaximandre, à la manière de l'ancien hylozoïsme. (*Note du traducteur*).

être alors établie sur les faits : les observations manquaient.

XÉNOPHANE de Colophon (vers 540) prit la *terre*, ANAXIMÈNE de Milet (né vers 550) l'*air*, ou l'état d'agrégation gazeux de la matière, comme point de départ, ainsi que de nos jours encore la cosmogonie scientifique. Le πνεῦμα et l'ἀήρ, d'où tout provient et où tout retourne en se transformant, embrassent le monde entier (1). L'*air chaud* (2) est aussi le principe animé et animant pour DIOGÈNE d'Apollonie (vers 460) : ce philosophe soutint le premier que l'air arrive avec le sang dans le corps par le canal des vaisseaux et institua une théorie de la respiration ; suivant cette théorie, les corps inorganiques eux-mêmes respirent. Les poissons respirent l'air dans l'eau. Il connaissait le pouls et la chaleur propre des animaux supérieurs.

HÉRACLITE d'Ephèse (vers 500), le père de la grande doctrine de l'écoulement des choses, qui fit de l'idée du *changement* (du devenir, c'est-à-dire de la production et de la destruction des choses) le principe du monde, assigne pour origine à la vie le *feu primordial*. Il admettait une production continue des choses par le feu et leur retour ultérieur à ce même feu (le chemin vers le bas et vers le haut). La constance de la

Καὶ ὅλον τὸν κόσμον πνεῦμα καὶ ἀήρ περιέχει.

(2) C'est l'*air* lui-même que Diogène considérait comme l'essence de toutes choses. (*Note du traducteur*).

matière et la Discorde (ἔρις), comme mère de toutes choses, Héraclite les revendiquait également pour l'être vivant, qui au reste ne provient que de la semence du père. Héraclite est un des plus grands penseurs de tous les siècles. Déjà il exprime avec fermeté des idées que, 2,300 ans plus tard, la doctrine darwinienne de l'évolution et de la concurrence vitale présentera comme de nouveaux principes bionomiques.

PYTHAGORE (vers 550) chercha dans le *nombre* l'essence des choses, celle même de tous les phénomènes de la vie. Il fit une des plus grandes découvertes acoustiques en découvrant le rapport des intervalles consonants aux plus petits nombres entiers. Vraiment physiologique est ce qu'il dit, qu'on ne peut percevoir des sons qui depuis notre naissance affectent uniformément et sans interruption notre ouïe, et qu'un son n'est perçu que s'il est opposé au silence. Pythagore niait la génération spontanée; tous les animaux provenaient de semences. Enfin il distinguait la raison (νοῦς) de la sensibilité morale (θυμός), et les situait toutes deux dans le cerveau.

Les spéculations des Eléates, de ZÉNON surtout (vers 460), sont importantes pour la *théorie des sens*. «Le dard volant est immobile», lorsque dans l'obscurité il est éclairé par l'étincelle électrique instantanée. Sans doute, l'opinion qui domine encore presque généralement, est celle qu'Aristote a le premier abandonnée, savoir, que quelque chose part de l'œil à l'objet regardé, et que, par là, l'objet se trouve exploré comme par des tentacules. Pour PARMÉNIDE (vers 500), le *froid* et le *chaud* étaient le principe des choses.

ANAXAGORE (né vers 500, mort vers 428) fait naître la vie des homœoméries, de particules homogènes en soi, mais différentes entre elles, dans le chaos, en vertu d'une force ordonnatrice (νοῦς). C'est parce qu'il a des mains, que l'homme est supérieur à tous les animaux. La doctrine de la génération de ce philosophe est célèbre : il admettait que l'embryon provient de la semence de l'homme, que les garçons viennent du côté droit de l'utérus, les filles du côté gauche (1). Cette opinion, et une théorie semblable attribuée à Héraclite, se trouvent aujourd'hui contredites par le fait que des enfants des deux sexes sont nés après une ovariotomie unilatérale.

EMPÉDOCLE d'Agrigente (né vers 490, mort vers 430) développa la doctrine suivant laquelle tout est composé de *quatre éléments* (ῥιζώματα), la terre, l'eau, l'air et le feu. L'union et la séparation (φιλία et νεῖκος) sont les forces motrices primordiales qui déterminent l'existence du monde (2). Quant aux

____

(1) Censorinus (c. 6), comme le rappelle Zeller, nous apprend que, selon Anaxagore, le cerveau se formait le premier dans le fœtus, parce qu'il est le centre de tous les sens. Anaxagore contestait l'opinion de son contemporain Hippon, d'après laquelle la semence était issue de la moelle. (*Note du traducteur*).

(2) La substance de l'univers consiste dans les quatre éléments, incréés, impérissables, qualitativement immuables. Les forces motrices (l'Amour et la Haine), qu'Empédocle traite, d'ailleurs,

êtres vivants, ils se sont progressivement perfectionnés. Ils sont nés (les plantes d'abord, les animaux ensuite) de l'assemblage de parties isolées. Mais beaucoup de ces êtres (les monstres) furent incapables de se maintenir et de résister dans la lutte générale (ἔρις) pour l'existence ; seuls, ceux qui étaient aptes à vivre se reproduisirent. On retrouve ici, plus clairement encore que chez Héraclite, un écho du principe darwinien de la concurrence vitale. La chaleur, qui vivifie tout, y joue comme chez ce philosophe un rôle capital. En outre, Empédocle était d'avis que l'expiration a lieu lorsque le sang se porte en haut, l'inspiration quand il va en bas. Déjà il a une théorie sur les excitations des sens (ἀποῤῥοαί)(1): celles-ci, émanant des objets perçus, agissent sur nos organes des sens. Le cerveau est pour Empédocle le siège de l'âme et le producteur de la semence (2). Il compare déjà la semence des végétaux à l'œuf des animaux.

Les atomistes, en particulier DÉMOCRITE (mort en 361), le disciple de LEUCIPPE, se sont efforcés de ramener tous les phénomènes, même ceux de

comme des substances corporelles mêlées aux choses, ne sont invoquées ici pour la première fois dans la philosophie grecque, que parce que Empédocle abandonne en partie la conception hylozoïste du monde et distingue la substance des forces qui l'animent. (*Note du traducteur*).

(1) Empédocle expliquait la *sensation* à la fois par les *pores* et les *émanations* (ἀποῤῥοαί). (V. Théophraste, *De sensu*, § 7.)

(2) C'est particulièrement dans le *sang*, et notamment dans le sang du *cœur*, que, d'après une hypothèse répandue dans l'anti-

la vie, aux *mouvements des atomes*. Les atomes sont éternels et indestructibles. Tout changement repose sur la séparation et la combinaison des atomes (conservation de la matière). Les atomes sont le seul être existant ; les diverses sortes de sensations, par exemple, le doux, le chaud, le coloré, n'ont qu'une existence subjective et nous font illusion. Toutes les espèces de sensations sont réductibles à la sensation du toucher. L'âme est composée d'atomes subtils, lisses et ronds, comme le feu, et pénètre le Tout, engendrant la chaleur et les phénomènes de la vie (1). Ces atomes sont les plus mobiles. Ce n'est pas un principe spirituel, c'est une nécessité mécanique, ou le « Destin », qui détermine, avec tous les phénomènes biologiques, la formation du monde.

quité, la pensée et la conscience (νόημα) ont leur siège, sans exclure, toutefois, les autres parties du corps de la faculté de penser. Zeller et Mullach attribuent formellement le vers suivant (v. 374 et page 71 du commentaire) à Empédocle :

Αἶμα γὰρ ἀνθρώποις περικάρδιόν ἐστι νόημα,

vers que Chalcidius, en son *Commentaire du Timée* de Platon, a traduit ainsi :

Sanguine cordis enim noster viget intellectus.

(Note du traducteur.)

(1) Démocrite a situé la pensée dans le *cerveau* (ἐν ἐγκεφάλῳ), qu'il appelle φύλακα διανοίης, la colère dans le cœur, le désir dans le foie, encore que les atomes de l'âme, ou atomes psychiques, fussent répandus dans tout le corps. Zeller ne repousse pourtant point, comme entièrement inexacte, l'assertion des écrivains postérieurs, suivant laquelle Démocrite aurait aussi considéré le cœur comme le siège de la partie raisonnable.

(Note du traducteur.)

PLATON (né en 429, mort en 348) assignait comme sièges à l'âme de l'homme : la tête pour la raison (λογιστικόν, νοῦς), le bas ventre pour la partie bestiale ou déraisonnable de l'âme (τὸ ἀλογιστικόν), la poitrine pour les passions (θυμός, θυμοειδές). Pour lui, le monde entier était un être vivant qu'une âme animait. Tous les êtres vivants, notamment les dieux, les corps qui vivent dans l'air, dans l'eau et sur la terre, lui semblaient des formes de développement du prototype homme.

De même que Platon, le pythagoricien PHILOLAOS situait la raison et l'âme dans le cerveau (principe humain), la sensation et le désir dans le cœur (principe animal), la nutrition dans l'intestin (principe végétal). Les organes de la génération réunissaient en eux ces trois principes. Le cœur est l'origine des vaisseaux; dans ceux-ci se trouve le sang qui, fortement agité, parcourt les membres. Un autre pythagoricien ALCMÉON (vers 500) désigna, comme le siège de l'âme, le cerveau, auquel arrivent toutes les sensations par l'intermédiaire des canaux qui partent des organes des sens, de sorte que les impressions externes pénètrent jusqu'au cerveau par des voies spéciales. Il soutenait que c'était du blanc de l'œuf et non du jaune, que l'embryon tirait sa nourriture, et que le fœtus de l'homme recevait par la bouche, dans l'utérus, sa nourriture. En outre, il faisait dépendre la santé, comme Empédocle, de l'équilibre des quatre éléments, et assignait pour cause au sommeil un changement dans la répartition du sang(1). Un troisième pythagoricien, le médecin ELOLATHÈS, affirmait déjà que la santé était déterminée par l'harmonie des humeurs du corps.

HIPPOCRATE (né vers 470, mort vers 364), le père de la médecine, a surtout le mérite, pour la physiologie, d'avoir plus ou moins écarté les spéculations des philosophes de la nature et accordé à l'expérience un plus grand rôle dans l'étude des phénomènes de la vie. Mais, s'il observa beaucoup, il n'expliqua pas. D'après lui, le cerveau est froid et de nature pituitaire. Le sang, la pituite et la bile (l'atrabile provenant de la rate, et la bile jaune du foie), *mélangés* (κρᾶσις) d'une certaine façon, sont la condition de l'état de santé. Le sang naît dans le foie, se coagule au dehors des vaisseaux, et la coagulation est empêchée par le battage. Des fibres (ἶνες) s'y forment alors (fibrine). L'épiglotte ne permet pas aux aliments de pénétrer dans la trachée-artère. Les valvules du cœur ferment exactement. La cause de la vie est la chaleur innée ou naturelle (ἔμφυτον θερμόν), qui est mise en mouvement dans les vaisseaux par le pneuma formé dans le cœur.

Le principe vivifiant admis par les Hippocratiques postérieurs, τὰ ἐνορμῶντα (qu'on traduit par *impetum faciens*), répond à la *force vitale*, à

---

(1) Alcméon expliquait le sommeil par la réplétion des vaisseaux sanguins, le réveil par le dégorgement de ces vaisseaux.
(Note du traducteur).

celle même de Platon. Quant à Hippocrate, cette idée lui est étrangère et il ne s'est pas non plus servi du mot.

Parmi les premiers successeurs d'Hippocrate qui, s'ils firent beaucoup pour la pratique de la médecine, n'ont rien accompli d'important pour la physiologie, on distingue surtout POLYBE : il observa l'œuf couvé de la poule et attribua la naissance des mâles à une force plus grande de la semence.

Avec les premiers HIPPOCRATIQUES se termine naturellement la première période. Il n'y existe pas encore de physiologie constituée à l'état de science indépendante. Les spéculations sur la vie des médecins et des philosophes, spéculations faites sans observations suffisantes, et sans tenir assez compte des faits, caractérisent bien toute cette époque. Quelque remarquable, en effet, qu'ait été Hippocrate comme médecin, comme observateur et comme praticien, quelque considérable que soit son œuvre comme pathologiste, car il a posé et méthodiquement appliqué des règles fondées sur l'expérience, lui qui a dit : le médecin doit étudier la nature du corps humain pour pouvoir formuler un jugement sur les effets des causes des maladies — cependant la physiologie proprement dite lui doit peu.

On notera, dans toute cette période, la tendance des plus grands penseurs à ramener la vie à la *chaleur* (au feu), et à attribuer à une matière gazéiforme un rôle capital pour le maintien en activité et l'entretien de la vie. On songe involontairement à l'oxygène et aux combustions de l'organisme animal.

Deuxième période.

Cette seconde période est précisément caractérisée par ce qui manque à la première. Des faits physiologiques ont été rassemblés, mainte découverte physiologique importante a été faite par l'observation et reliée à un ensemble de vues théoriques avec une grande pénétration, surtout par Aristote (né en 384, mort en 322). En rassemblant toutes les données physiologiques d'Aristote sur la génération, la respiration, la nutrition, l'activité des sens, on arrive à constituer un système de physiologie qui, en dépit de toutes les affirmations dogmatiques et dénuées de critique, en dépit d'innombrables attaques, altérations et interpolations, s'est maintenu, durant près de deux mille ans, sous le nom de physiologie aristotélique.

Aristote fait dériver tous les phénomènes de la vie de la *chaleur naturelle,* qui est propre au sang. Le foyer central de la chaleur et du mouvement du sang, est le *cœur* en activité, d'où au moyen des vaisseaux animés de *pulsations,* les parties du corps reçoivent le sang, de même que, dans l'arrosement des jardins, l'eau est distribuée par des canaux qui se ramifient indéfiniment. Le sang nourrit les organes et leur procure la sensibilité et le mouvement. L'air est porté par l'inspiration dans les poumons et de là dans le cœur. Le sang s'élabore de la nourriture digérée dans l'estomac et dans l'intestin, en devenant d'abord chyle (ἰχώρ) par la *pepsis* ou coction, lequel, par le canal de vaisseaux spéciaux, arrive au cœur. La chaleur du cœur maintient le sang fluide. Les résidus de la nutrition qui ne sauraient être utilisés abandonnent le corps par l'intestin et les reins. L'urine est séparée du sang qui coule dans les reins et passe dans la vessie par les uretères. Le cerveau est insensible, froid, exsangue; il élabore la pituite; le cœur est le siège de l'âme avec ses *entéléchies*. Les organes des sens se trouvent dans la tête, afin qu'ils soient protégés contre un échauffement excessif provenant du sang (1). La théorie des sens est, chez Aristote, la plus faible : l'eau est l'élément essentiel de l'œil, l'air l'essentiel pour l'oreille, à laquelle il apporte le son, l'eau et l'air à la fois sont nécessaires à l'odorat, la terre au sens du toucher. Il ne distingue que trois couleurs. Les fonctions des organes de la génération sont pareillement décrites d'une manière arbitraire. Toutefois, dans l'*Histoire des animaux* et dans le traité de la *Génération* d'Aristote, le plus ancien essai de physiologie comparée venu jus-

---

(1) Parce que, d'après Aristote, le cerveau avait pour principale fonction de refroidir le sang du cœur. (*Note du traducteur*).

qu'à nous, on trouve un grand nombre de faits, de problèmes et de découvertes remarquables. La parthénogenèse des abeilles, l'hectocotylie des céphalopodes étaient connues d'Aristote. Il dit que le fœtus est nourri du sang de la mère par les vaisseaux ombilicaux, comme la plante par ses racines ; il a découvert le *punctum saliens*, notamment le battement du cœur dans l'œuf d'oiseau couvé quelques jours. Il croyait d'ailleurs à la génération spontanée d'un grand nombre d'animaux.

La physiologie aristotélique a le mérite de vouloir expliquer d'une manière synthétique les phénomènes de la vie ; elle a le défaut de les expliquer en invoquant une finalité, et en faisant intervenir des entéléchies. L'explication scientifique, celle qui repose sur le principe de causalité, en souffre. Malgré cela, ce mélange de fiction et de vérité, qui d'abord, comme une sorte de code de la physiologie, puis comme une incitation à la recherche eut tant d'importance, a joui presque sans interruption jusqu'au dix-septième siècle d'une autorité considérable ; aujourd'hui même il s'en faut bien que tout ce qu'a dit Aristote ait été compris ou que toutes ses erreurs aient été bannies de la science.

THÉOPHRASTE (né en 371, mort en 286), le père de la physiologie végétale, a surtout contribué à la propagation rapide des doctrines physiologiques d'Aristote. Il a aussi écrit un livre sur les sensations.

Straton de Lampsaque (vers 340), surnommé
«le Physicien», expliqua l'âme par la somme des
sensations, écrivit sur la génération et sur la
nature de l'homme (1).

Le médecin Praxagoras de Cos (vers 350),
éminent parmi ceux qu'on appelle les Dogmatiques, apporta des hypothèses originales sur
les humeurs animales, le pouls, les « esprits
vitaux » dans les artères. Il fut le maître du premier physiologiste qui pratiqua la physiologie
expérimentale, d'Hérophile (vers 300).

Pour Hérophile, qui, par l'observation directe
de la nature, s'éloigne essentiellement des dia-
lecticiens, il existe pour la vie quatre forces
régulatrices : la force nutritive, calorifique, sen-

(1) En physiologie comme en psychologie, Straton était arrivé
à des vues d'une admirable justesse. Loin de placer dans le cœur
le principe de la sensibilité, c'est dans le cerveau, entre les sour-
cils, qu'il situait le siège de la sensation et de l'entendement : là
persistent les traces des impressions et des représentations. Tous
les actes de l'entendement sont des mouvements. Voici quelques
observations qu'il fit touchant les illusions des sens : « Ce n'est
pas au pied que nous avons mal, dit-il (a), quand nous le heur-
tons, ni à la tête, quand nous nous la brisons, ni au doigt quand
nous nous le coupons. Tout le reste de notre personne est insensible (ἀναίσθητα γὰρ τὰ λοιπά), à l'exception de la partie sou-
veraine et maîtresse : c'est à elle que le coup va porter, avec
promptitude, la sensation par nous appelée douleur. De même
que la voix qui retentit dans nos oreilles mêmes nous semble
être en dehors, parce que nous confondons avec la sensation le
temps qu'elle a mis pour parvenir de son point de départ jusqu'à
la partie maîtresse, pareillement, s'il s'agit de la douleur résultant d'une blessure, au lieu de lui donner pour siège l'*endroit où
a été éprouvée la sensation*, nous plaçons ce siège là où la sensation a son principe... » (*Note du traducteur.*)

(a) Plut. *Utrum animæ an corporis sit libido et ægritudo.* 4.

tante et pensante. Les *vaisseaux chylifères
pleins*, les glandes mésentériques, lui furent
connus ; la distinction des nerfs en *nerfs du
mouvement et de la sensibilité*, lui est aussi attribuée. Il compléta la physiologie aristotélique,
enseigna que la respiration repose sur une systole et une diastole des poumons, que le pneuma
pénètre dans le sang par les poumons, et estima
que le pouls était dû à une activité des artères
qui dérivait du cœur.

Hérophile et son grand contemporain, ERA-
SISTRATE (mort en 280), les chefs de l'école d'A-
lexandrie, occupent un rang considérable dans
l'histoire de la physiologie parce que, les premiers, ils firent des dissections sur des êtres
vivants (sur des chèvres et sur des condamnés
à mort). Mais ces *vivisections* étaient faites sans
méthode. Erasistrate, à la vérité, s'éleva jusqu'à
l'hypothèse d'une liaison anatomique entre les
artères et les veines par les capillaires, mais il
croyait celles-ci fermées dans l'état de santé. Il
distingua déjà les nerfs du mouvement des nerfs
de la sensibilité, aperçut les vaisseaux chylifères
vides et pleins sur des boucs vivants ou récemment tués et pensa qu'ils étaient semblables aux
artères. Le *pouls*, d'après l'explication qu'il en
donnait, était un mouvement du sang et du
pneuma dans les artères, causé par la systole
du cœur.

Parmi les très nombreux médecins qui, d'A-
lexandrie, propagèrent dans toutes les directions

et appliquèrent les doctrines d'Aristote, d'Hérophile et d'Erasistrate, parmi ceux qu'on appelait les EMPIRIQUES, il n'y eut aucun physiologiste de marque. La plupart se montrèrent indifférents; beaucoup, hostiles à toute théorie de la vie. On en doit dire autant des MÉTHODIQUES, parmi lesquels SORANOS, d'Ephèse, (vers 110 après l'ère actuelle), seul, qui a si bien mérité de la physiologie de la grossesse et de l'accouchement, considéra d'une façon théorique les phénomènes de la vie. Parmi les médecins postérieurs, il faut nommer les PNEUMATISTES ATHÉNÉE et ARÉTÉE (tous deux vers 50). Le premier expliquait la cause de la vie par une action du feu et du pneuma, rejetait les explications atomistiques, et se déclarait contre l'empirisme grossier (1). Arétée savait que le *sang artériel est d'un rouge éclatant, le sang veineux d'un rouge sombre.* Il s'en tint à la chaleur innée de ses prédécesseurs pour le principe de la vie, mais il se servit, à ce qu'il semble, pour la première fois, dans un sens scientifique, de l'expression *force vitale* (ζωτικὴ δύναμις), de même que de l'expression *tonus* (τόνος), en attribuant une grande valeur à ces deux idées. Il fit naître le sang dans le foie; le pneuma, le froid et le chaud, le sec et l'humide, jouent chez Arétée, comme chez Athénée et chez leurs pré-

---

(1) C'est-à-dire que la secte médicale des Pneumatistes était, comme celle des Dogmatistes, opposée à la secte des Empiriques.

(Note du traducteur.)

curseurs, un rôle capital dans les processus de la vie. Il est d'ailleurs remarquable par son don éminent d'observation. Parmi les autres médecins de cette période que l'histoire de la physiologie ne doit point passer sous silence, citons Rufus d'Ephèse (vers 50), qui ramena toute l'activité corporelle, et non seulement la motilité et la sensation, aux *nerfs*, et, pour la première fois, décrivit avec exactitude le *mouvement du cœur* et le pouls. Dans le pouls, il distingua la force, la vitesse, la plénitude et la fréquence, et l'étudia aux différents âges de la vie. Cependant l'authenticité de l'écrit qui traite de ce sujet n'est pas à l'abri du doute. Enfin, ARCHIGÈNE (vers l'an 100) écrivit sur le pouls et sur la douleur.

Tous les autres médecins de ce temps, et parmi eux les plus illustres, n'ont fait que peu ou n'ont rien fait pour la physiologie. Les philosophes naturalistes n'ont rien accompli d'important, de leur côté, pour le développement de cette science, à moins qu'on ne tienne compte ici de la rénovation de l'atomistique de Démocrite par les Epicuriens. Le médecin ASCLÉPIADE (né vers l'an 124) essaya d'instituer une théorie atomistique des phénomènes de la vie dans l'état de santé et de maladie, mais il négligea l'anatomie.

Troisième période.

Au premier siècle de l'ère actuelle, il n'existait encore aucune science descriptive et explicative de la vie à l'état sain. La confusion, l'indifférence et l'éloignement déclarés des médecins pour toutes les recherches théoriques, bref, l'exercice de la médecine sans aucune préoccupation scientifique, sont à leur apogée.

Alors parut Claude GALIEN, de Pergame, (né en 131, mort vers 200). Avec Galien, commence la troisième période. Au milieu des partis en lutte, Galien, seul et le premier, fit de la physiologie une science indépendante. Il créa la physiologie comme science de l'usage des organes *(usus partium)*, il expérimenta sur des animaux vivants (notamment sur des porcs), et se posa des questions auxquelles il répondit en pratiquant des vivisections. En outre, Galien alla contre tous ses prédécesseurs et contre ses contemporains en faisant de la physiologie le fondement de la médecine. Enfin, il est le premier qui, autant que cela était possible de son temps, a décrit et expliqué les fonctions méthodiquement et complètement. Que, d'un côté, Galien s'efforce de ramener les phénomènes de la vie à des causes naturelles, tandis que d'autre part il célèbre partout leur finalité avec des expressions d'admiration pour la sagesse d'un créateur, voilà qui doit d'autant moins sur-

prendre qu'au fond Galien s'appuie sur Aristote,
encore qu'il le contredise souvent.

C'est par Galien que la physiologie aristotélique, comme la pathologie hippocratique, devint
pour la première fois le bien commun des médecins. Cette double façon de procéder explique en
quelque sorte que, pendant plus de mille ans, la
physiologie galénique soit demeurée en faveur partout où on la connaissait. Les médecins, en effet,
l'acceptaient à cause de son matérialisme, les
clercs pour sa téléologie. Comme Galien était
un penseur d'une pénétration extraordinaire, un
travailleur d'une instruction et d'une application
peu communes, un esprit systématique et épris
du vrai, un médecin d'une habileté consommée,
qui n'abandonnait point la pratique pour l'étude,
ni l'étude pour la pratique, il semble avoir été,
de tous les médecins, le plus capable de fonder
la physiologie comme science distincte. Que,
dans tous les siècles suivants, le système physiologique de Galien, par son originalité et son
caractère définitif, ait été accepté comme une
règle à laquelle presque personne n'a sérieuse-
ment contredit, voilà qui témoigne en faveur de
son génie. Un pareil succès est sans exemple
dans l'histoire d'aucune science. Cette foi attachée au nom de Galien, au nom du maître, n'a
son pendant que dans l'histoire des religions, et
elle n'a été surpassée ni en intensité ni en durée
même par la foi en Aristote.

Galien conserva les quatre éléments d'Empé-

docle, et aussi les *qualités simples ou premières,*
le chaud, le froid, l'humide et le sec, d'Aristote.
Les parties constitutives des tissus, — comme
chez Hippocrate, le sang, la pituite, la bile
jaune et l'atrabile, bref les quatre humeurs,
étaient, pour Galien, composées de ces éléments.
Elles s'appelaient, ces quatre humeurs, *humeurs
cardinales.* Par le mélange ou crase des éléments, naissent les *qualités secondes ou composées,* c'est-à-dire les propriétés des choses, le
dur, l'amer, le coloré, etc., qui causent les impressions des sens. Un juste mélange des humeurs cardinales constitue la santé parfaite, laquelle n'existe pas. La santé ordinaire, ou *euéxie,*
était déterminée par un certain rapport des parties solides avec les parties fluides. Les neuf
tempéraments, — un déterminé par un égal
mélange des quatre qualités premières, — quatre
simples (un tempérament chaud, froid, humide,
sec), — et quatre composés (sanguin, cholé-
rique ou bilieux, flegmatique, mélancolique),
modifiaient la santé. La doctrine galénique des
tempéraments, fondement de la pathologie dans
ce système, n'a pas encore été entièrement remplacée par quelque chose de meilleur. Elle repose sur de très bonnes observations.

L'âme est la cause de l'animation de l'organisme, le principe de la vie. Les phénomènes
de la vie ont pour cause le triple *pneuma,* le
pneuma psychique dans le cerveau et dans les
nerfs, le *pneuma vital* (ζωτικόν) dans le cœur et

dans les artères, le *pneuma physique* dans le foie et dans les veines. Les manifestations dynamiques de ces trois impondérables, la *force psychique, sphygmique, physique* (correspondant aux *spiritus animales, vitales, naturales*), ont besoin de l'absorption du πνεῦμα ζωτικόν (qui répond à l'oxygène) dans la respiration. La force psychique est la condition de la représentation intellectuelle, de la mémoire, de la pensée ; elle communique aux nerfs le pouvoir de sentir, aux organes moteurs la faculté d'accomplir des mouvements. La force sphygmique est la condition du courage, de la colère, de la force du caractère et, par les artères dont elle détermine les pulsations, de la chaleur propre de l'organisme. La force physique est la condition des désirs sensuels et, par les veines, de la nutrition et de la formation du sang. Tout changement d'état ou mouvement primitif (κίνησις) est ou bien qualitatif, c'est-à-dire matériel, chimique (*alteratio* ou ἀλλοίωσις), ou bien un changement de lieu et de situation (*latio* ou φόρα). Tous les autres mouvements sont composés, toutes les fonctions et activités, quelles qu'elles soient, du corps vivant, c'est-à-dire les énergies (ἐνέργεια, *actio, functio*), dont la cause est la force ou faculté (*facultas*), et dont l'effet est l'œuvre accomplie (ἔργον, *opus*). Autant il y a de sortes d'activités, de fonctions ou énergies, autant il y a de facultés. Avant la naissance de l'homme, c'est surtout la fonction de développement, ou *genesis,* qui agit, laquelle se compose d'énergie transformatrice (chimique) (ἐν. ἀλλοιωτική) et d'énergie formatrice (plastique), (ἐν. πλαστική). Depuis la naissance jusqu'à la fin de la croissance, c'est surtout l'énergie d'accroissement, ou *auxesis*, qui agit, puis, jusqu'à la mort, l'énergie nutritive, ou *threpsis*.

Les *énergies*, actions ou fonctions sont ou des *fonctions principales* (*f. principes*), ou des *fonctions subordonnées, auxiliaires* (*f. ministræ*) : celles-ci sont, ou *générales* (*publicæ*), concernant le corps entier, ou *particulières* (*privatæ*), liées à une partie du corps. Trois groupes de fonctions dérivent de la triple force vitale : 1° Fonctions *animales*, qui se subdivisent en : a. fonctions principales : activités spirituelles; b. fonctions auxiliaires : activité des sens et mouvement volontaire; 2° fonctions *vitales*, qui se subdivisent en : a. fonctions principales : activité du cœur (dans le cœur gauche sont créés les esprits vitaux et se forme la chaleur, ce qui, d'ailleurs, doit aussi avoir lieu dans le foie, le lieu d'origine des veines); b. fonctions auxiliaires : respiration et pouls; 3° fonctions *naturelles*, qui se subdivisent en : a. fonctions principales : nutrition et croissance de l'individu, d'une part, de l'espèce, d'autre part (c'est-à-dire fonctions de la génération ou fonctions sexuelles); b. fonctions auxiliaires : l'attraction (ἐνέργεια ἑλκτική), la rétention (καθεκτική), la sécrétion (ἀποκριτική), et l'expulsion ou l'excrétion (πρωκτική). A l'assimilation (dans la digestion, *concoctio*) appartiennent ces fonctions

préliminaires : mastication, déglutition, chyli-
fication.

Parmi les recherches de physiologie expérimentale de Galien, on doit signaler : la *section
totale, transversale et longitudinale, de la moelle
épinière*, la *section du nerf vague et des nerfs
intercostaux*, accompagnées d'observations sur la
respiration, l'activité du cœur et la voix. Le
battement du cœur résulte du choc de cet organe
contre la paroi de la poitrine. Le sang est éla-
boré par le chyle dans le foie. Les mouvements
s'exécutent par une traction du nerf comme
dans un coup de sonnette (1). Le sang veineux
provenant des veines caves, qui du cœur droit
arrive dans les poumons par le canal de l'artère
pulmonaire, sert à la nutrition des poumons. Le
pneuma inspiré arrive par les veines pulmonaires
dans le cœur gauche, où il vivifie le sang parvenu là directement du cœur droit à travers la
cloison interventriculaire du cœur. Quoique Galien ait prouvé que les artères contiennent pendant la vie du sang et point d'air, quoiqu'il ait
découvert le *ductus arteriosus Botalli*, il demeura
attaché à cette fausse description de la circulation pulmonaire, et crut que les anastomoses
des artères et des veines dans le corps avaient
pour but de faire profiter les veines aussi de
l'utilité du pouls et de la respiration. Mais par-

______

(1) L'action des nerfs est assimilée, par Galien, à celle des
cordes, qui tirent et font mouvoir, soulèvent, etc.

(Note du traducteur.)

dessus tout, Galien a gâté ses idées justes par ses explications téléologiques. Pour lui, comme pour Aristote, tout arrive dans le corps par nécessité ou en vue d'une fin. Il établit avec ces deux principes ses théories des sens, de la génération, etc., de sorte que tous les phénomènes biologiques connus de son temps reçurent de lui quelque explication. De là l'autorité de Galien durant de longs siècles sans critique.

Parmi une foule de savants sans originalité, on ne distingue guère que Némésius, évêque de Phénicie, qui, au quatrième siècle, écrivit un livre sur la nature de l'homme, qu'il appelle un microcosme, et qu'il rapproche des plantes et des animaux.

Ce qu'on nomme la Physiologie arabe, de laquelle le médecin Avicenne de Bokhara (né en 980, mort en 1037) a été le principal représentant, et la physiologie des Arabes au quatorzième siècle, ont, aussi peu que les Scholastiques (également hostiles à l'étude directe de la nature, adonnés à l'étude des livres,) et les nombreuses écoles médicales du quinzième siècle, modifié essentiellement la physiologie aristotélique et galénique : aucune découverte importante n'a été ajoutée au savoir traditionnel en physiologie. Ils ont le mérite d'avoir conservé et répandu par des versions arabes un grand nombre d'anciens écrits importants pour cette science. Mais la doctrine de Galien jouit d'une autorité sans limite en ce domaine ; elle fut en

partie développée, en partie servilement suivie.
Pas un médecin ou naturaliste, de l'an 200 à l'an
1500, ne peut être signalé comme physiologiste
de quelque originalité. On ne rencontre, dans
toute cette longue suite de siècles, qu'un petit
nombre de recherches spéciales intéressantes.
C'est ainsi qu'Alhazen (mort en 1038) a bien
mérité de l'optique physiologique : dans l'œil il
distingua l'humeur aqueuse du cristallin et du
corps vitré, et quatre membranes, parmi lesquelles une *tunica retisimilis*; il montra que,
de chaque point d'un objet, arrivent à l'œil d'innombrables rayons lumineux; il chercha aussi
à expliquer la vision simple avec les deux yeux,
et interpréta très bien, comme une illusion d'optique, le grandissement du disque lunaire à l'ho-
rizon.

VITELLO (au treizième siècle) fit aussi avancer
la théorie de la vision. Salvino degli Armati
passe pour l'inventeur des lunettes (fin du treizième siècle). Leonardo da Vinci (né en 1452,
mort en 1519) donna déjà une théorie de la
vision basée sur la *camera obscura*, théorie que
Maurolico (né en 1494, mort en 1575) perfec-
tionna.

Albert le Grand (mort en 1280) admit déjà
l'existence de centres cérébraux déterminés avec
localisation des fonctions (1).

(1) Albert le Grand n'a fait que suivre, en réalité, Aristote,
Galien et les Arabes dans ce qu'il dit de la localisation des différentes parties de l'âme dans les régions antérieure et postérieure

La physiologie de FERNEL (né en 1497, mort en 1558), qui a été si célèbre, est encore galénique, quelque opposé que soit en quelques points à Galien ce physiologiste. Il estimait que les différentes fonctions sont déterminées par la *structure élémentaire* différente des organes; il séparait, comme un être spirituel simple, l'*anima* du spiritus matériel : elle domine les processus psychiques. Au dix-septième siècle encore, on professa la physiologie d'après Avicenne dans les Universités (par exemple, à Wurzbourg).

Mais cette grande doctrine de Galien fut ébranlée jusque dans ses fondements par le théosophe Auréole Théophraste PARACELSE Bombast de Hohenheim (né en 1493, mort en 1541), qui, adoptant plusieurs hypothèses empruntées au néoplatonisme, développa une conception de l'organisme vivant fortement pénétrée d'éléments religieux ; il tenait l'organisme humain pour un être *devenant* et *périssant* non achevé ; il fit naître la vie du *mucilago* par décomposition, et la ramena au *soufre*, au *mercure* et au *sel*, c'est-à-dire aux éléments combustibles, volatils et incombustibles ; malgré son mépris pour l'anatomie, il fut très fort en faveur auprès

du cerveau et dans le ventricule moyen. (V. *Opera*, *De Anima*, l. II, tract. IV, c. 7.) Tout ce que Broussais, de Blainville, de Gérando, Pouchet, en France, ont rapporté à cet égard, est erroné et ne repose que sur la tradition ou sur des contre-sens. Rien, dans le texte d'Albert le Grand, ne permet de le considérer comme un précurseur de la théorie de Gall et de Spurzheim, de Hitzig ou de Ferrier, sur les localisations cérébrales. *(Note du traducteur).*

de beaucoup de médecins, grâce à la grande originalité de ses idées. Il ne réforma point la physiologie : il mit seulement, à la place des anciennes doctrines, des doctrines absolument neuves, professa en allemand, en langue vulgaire, et, par là déjà, il ruina la puissance de la scholastique physiologique d'Aristote, de Galien et d'Avicenne.

Le théosophe Van HELMONT (né en 1577, mort en 1644) fut un adversaire encore plus décidé de Galien. Essentiellement paracelsiste, mais pour qui l'homme était, non une image de la nature, un microcosme, mais une image de la divinité, Van Helmont admit comme principe de la vie un *archeus insitus*. Il fonda la doctrine des *gaz* (c'est de lui que vient le mot gaz dérivé de « chaos »), la doctrine des *ferments* (la digestion par l'acide gastrique est due, selon lui, à l'action du ferment), la doctrine des différents *degrés de vie (vita minima s. prima, media, ultima)*. L'idée de *vie latente* se rencontre pour la première fois chez Van Helmont ; mais il abandonna l'anatomie ; aussi ses idées nouvelles antigaléniques et très chrétiennes, et particulièrement ses recherches basées sur ses connaissances chimiques, quelques progrès réels qu'elles constituent, n'ont produit aucune réforme fondamentale de la physiologie.

Cette réforme, ce fut le progrès de l'anatomie qui la rendit possible à cette époque, et le premier anatomiste qui, quoique chaud partisan de

Galien, lui porta en réalité le coup le plus décisif, est MICHEL SERVET (1511-1553). Il décrivit
le premier assez exactement la *circulation pulmonaire*; il nia, vu l'obstacle qu'oppose à tout
passage le septum medium du cœur, que le sang
pût couler directement du cœur droit dans le
cœur gauche, tout au plus aurait-il pu transsuder;
enfin, il soutint avec énergie que, *dans les poumons, le sang veineux se mêle à l'air inspiré*.
La preuve expérimentale que les veines pulmonaires contiennent du sang fut donnée, au
moyen de vivisections, par REALDO COLOMBO de
Padoue (1559), le plagiaire de Servet. Le savant
CESALPIN (1571) ne fut pas éloigné de la découverte de la grande circulation du sang. On connaît ses études sur le mouvement de la sève
dans les végétaux, qu'il distingua très nettement
de celui des humeurs chez les animaux. A cette
période appartient encore Giambattista della
Porta (1538-1615), qui compara aussi l'œil à une
chambre noire.

Quatrième période.

L'anthropotomie, notamment les ouvrages
anatomiques de Vésale, et aussi la théosophie,
sans doute originale, mais non susceptible de
preuve, de Paracelse et de Van Helmont, réveillèrent, au seizième siècle, l'originalité de la
pensée dans le domaine des sciences naturelles,
et celle-ci trouva dans les Universités (fondées

en partie déjà dès le treizième siècle), un aliment
et une culture favorables. Dans la médecine,
le galénisme était ébranlé, mais, en physiologie,
il était encore debout et généralement accepté.
Grâce à la renaissance des études classiques,
Aristote redevint aussi en faveur comme naturaliste, en dépit de ses entéléchies. Ce fut alors
que tout l'antique et vénérable système de physiologie d'Aristote et de Galien fut d'un seul
coup renversé par un bras puissant.

William HARVEY (né en 1578, mort en 1657),
par la *découverte de la circulation du sang*, accomplit cette grande révolution en physiologie
et ouvrit ainsi la voie à tous les progrès de la
physiologie expérimentale proprement dite. Car,
quoique déjà les Alexandrins, et Galien, et les
médecins de Padoue eussent fait des vivisections,
ils n'avaient guère eu d'imitateurs à cet égard.
En tous cas, personne n'y avait trouvé le plus
puissant moyen de l'investigation physiologique,
autrement la circulation du sang eût été découverte plus tôt. Le médecin Harvey est également
grand comme expérimentateur, comme penseur,
comme professeur, écrivain et réformateur. Son
étude dirigée sans relâche sur l'observation
immédiate de la nature vivante, jointe à son dé-
dain de la foi en l'autorité, dut paraître aussi
étrange à ses contemporains que la sûreté avec
laquelle il déclara fausses et erronées, en s'appuyant sur cette étude, les doctrines reçues. La
grandeur du génie de Harvey se révèle autant

par sa méthode logique, opposée à tout arbitraire, par laquelle il dévoila les erreurs de ses prédécesseurs et découvrit la vérité, que par la portée de sa découverte même, qui a amené la transformation de toute la médecine.

L'exposition de cette découverte, qui parut en 1628, accomplie pour le fond et pour la forme, est encore aujourd'hui un modèle. En outre, Harvey, à qui remonte le mot célèbre *omne vivum ex ovo*, a le mérite considérable d'avoir pour la première fois expérimenté sur des animaux nouveau-nés, sur des embryons de poulet et sur des fœtus de mammifères, qu'il observa avec un simple verre grossissant. Il découvrit que le cœur des fœtus bat longtemps avant la naissance, ce que Servet avait nié malgré Galien. Parmi les adversaires d'Harvey, aucun n'eut une action durable; ses partisans au contraire ont beaucoup fait pour la rapide reconnaissance de sa doctrine, surtout Descartes.

On doit à DESCARTES (né en 1596, mort en 1650) cette vue profonde, que les êtres vivants doivent être considérés physiquement comme des *machines*. Descartes distingua le premier les *mouvements réflexes* des autres mouvements; il reconnut que *la chaleur est produite dans le corps*; il étudia les conditions physiologiques des passions, et créa une *théorie* tout à fait nouvelle *de la perception sensible*. Entre autres, il ramena l'*accommodation* de l'œil à des changements de forme du cristallin, il constata que la pupille se contracte lorsqu'on regarde de près, il vérifia le fait, trouvé aussi par Scheiner (mort en 1650), qu'on ne peut voir bien distinctement qu'un seul point à la fois, et que tous les moyens pour apprécier la distance sont incertains.

Comme Leonardo da Vinci, cent ans auparavant, Descartes compara l'œil à une *camera obscura* et donna une explication de l'effet des lunettes. Descartes enrichit aussi de ses découvertes l'acoustique physiologique. Il reconnut les harmoniques (2 et 3), découvertes par Mersenne (1618), et donna une explication rationnelle de la cause de l'accord consonant des intervalles exprimés par de petits nombres entiers. Descartes s'exprime avec la plus grande précision sur l'*énergie spécifique* des nerfs sensibles, et il répète que les choses n'ont pas la moindre ressemblance avec les sensations. Ces importants aperçus physiologiques, et plusieurs autres, ainsi que ses découvertes, assurent à Descartes une des premières places dans l'histoire de la physiologie, encore qu'il ait fait jouer un certain rôle aux *spiritus animales* et ait placé le siège de l'âme dans la glande pinéale, ce que d'ailleurs Servet avait fait avant lui. Mais Descartes dit que l'âme a seulement là son siège principal, et qu'elle est répandue dans le corps entier.

Harvey fut aussi défendu, et de très bonne heure, par François DE LE BOË-SYLVIUS (né en 1614, mort en 1672). Ce savant attribuait à l'anatomie une grande valeur comme fondement de la phy-

siologie. Quoique attaché à l'explication mécanique, notamment à la respiration et au mouvement intestinal, Sylvius assigna le premier rôle
aux processus chimiques, aux *fermentations*. Son
système de physiologie forme le point de départ
de l'*école chimiatrique* ou *iatrochimique* en médecine.

Un événement d'une plus haute importance
pour le progrès de la physiologie, fut, vers le
même temps, la constitution de la biophysique
par Alfonso Borelli (né en 1608, mort en 1679),
génie pénétrant, qui, marchant en cela sur les
traces de Harvey, appliqua aux *mouvements des
animaux* les méthodes et les principes de physique créés par Galilée (1564-1642). Borelli était
mathématicien et physicien distingué. Comme
personne avant lui n'avait cultivé ce domaine de
la physiologie, il trouva un champ extrêmement
fructueux à exploiter. Cependant ce sont moins
ses conquêtes scientifiques que sa méthode, alors
tout à fait nouvelle, aujourd'hui redevenue moderne, qui assure à Borelli une gloire éternelle.
Son système fut la base de l'*école iatrophysique*,
iatromécanique et *iatromathématique* en médecine.

Après l'invention du *microscope*, Malpighi et
Leeuwenhoek (1632-1723), entre beaucoup d'autres, enrichirent la science des fonctions des êtres
vivants par leurs observations sur le cours du
sang dans les capillaires, sur les spermatozoïdes
et nombre de tissus, confirmant ainsi, soit

par les faits, soit théoriquement, la doctrine de Harvey.

Jean Swamerdamm (1637-1685) institua même des recherches sur l'excitabilité musculaire (myophysiologie). Ses nombreuses observations sont d'un grand prix pour la physiologie comparée, pour celle des insectes surtout. Thomas Bartholin (1616-1680) étudia la phosphorescence de ces êtres et d'autres animaux vivants, ainsi que celle des matières en putréfaction (1669). Aselli découvrit (1622) de nouveau que les vaisseaux chylifères sont remplis pendant la digestion.

Glisson (1597-1677) est le père de la doctrine de l'*irritabilité*, propriété qui serait la cause de tous les mouvements organiques. Mayow (1645-1679), savant de premier ordre méconnu par son temps, le dépasse de beaucoup par ses idées d'une étonnante clarté sur la *combustion* et la *respiration*, même sur la respiration de l'embryon. Il fut très près de découvrir l'oxygène, qu'il nommait *spiritus nitroaereus*. Willis (1622-1675) s'affranchit déjà de certaines doctrines peu satisfaisantes et dégénérées de l'iatrophysique et de l'iatrochimie en physiologie; de même Baglivi (1673-1707).

Beaucoup de recherches originales datent de cette époque : telles sont celles de Gassendi (1592-1655) et de Sauveur (1653-1716) sur un phénomène constaté aussi par Galilée, savoir, que la hauteur des sons dépend du nombre des vibrations; de Pascal (1653) sur certains effets physiologiques de la pression de l'air ; de Mariotte (mort en 1684), qui découvrit l'existence du *punctum cæcum*; de Conrad - Victor SCHNEIDER (1660) sur la membrane muqueuse des cavités nasales, ou pituitaire (il réfuta l'opinion ancienne d'après laquelle le cerveau sécrétait le liquide aqueux et filant appelé pituite); du grand astronome KEPLER (1571-1630) sur la vision, notamment sur l'accommodation; de SANCTORIUS (1561-1636) sur la perspiration; de GRIMALDI (mort en 1663) sur les couleurs; de HOOKE qui, en 1667, étudia l'apnée; de R. J. CAMERARIUS (1665-1721) qui découvrit la sexualité des plantes. En 1657, Gaspard SCHOTT trouva que l'injection d'un purgatif dans les veines d'un chien opérait comme son introduction dans l'estomac, et que le vin directement injecté dans le sang enivrait. Athanase KIRCHER (né en 1601) institua un grand nombre d'expériences physiologiques remarquables, qui n'ont pas encore été appréciées, par exemple sur les couleurs subjectives. Quoique son nom y soit attaché, l'*experimentum mirabile* des poulets cataplexiés de terreur n'est pourtant pas de lui; Daniel Schwenter l'avait déjà décrit bien avant. Un autre *experimentum mirabile* a trait au cœur de l'embryon dans l'œuf ouvert. Robert BOYLE (1627-1691) fit aussi des expériences physiologiques, notamment avec la machine pneumatique, à l'exemple d'O. de Guericke, sur les gaz du sang, sur les couleurs, sur la phosphorescence des substances en putréfaction, sur la nutrition des plantes. Déjà, par sa décou-

verte du rapport des couleurs avec leur réfran-
gibilité, Isaac NEWTON (1643-1727) prit un rang
éminent dans l'histoire de la physiologie, qui,
par l'application de ses méthodes de recherche,
devait compter plus tard au nombre des sciences
exactes, après que Harvey en eut posé les fondements, et lorsque, du point de vue philosophique, François BACON (mort en 1626) lui eut
communiqué l'impulsion.

Mais un grand nombre d'hypothèses nua-
geuses furent mises en avant par des incompétents,
les hypothèses de la physique et de la chimie,
par exemple de l'éther et du phlogistique, furent
appliquées sans critique aux problèmes physiologiques : le résultat fut que, chez beaucoup de
médecins, même dans ce glorieux dix-septième
siècle, la physiologie toute entière tomba dans le
discrédit. Le grand BOERHAAVE lui-même (1668-
1738) ne réussit pas à lui rendre une faveur durable et générale, quoiqu'il ait bien mis en lumière l'importance pour la médecine d'une base
anatomique (même histologique), chimique et
physique, et qu'il ait blâmé les partis extrêmes.
Dans son explication de la vie, il partit du mouvement qui aurait pour cause le *principe nerveux*. Ses partisans donnèrent à sa doctrine le
nom de « physiologie dynamique » et la considé-
rèrent comme faisant époque, bien que Boerhaave ait plus servi la physiologie en évitant les
erreurs de ses prédécesseurs et de ses contemporains que par des découvertes originales. Déjà

de son temps florissaient les pires doctrines qui éloignaient d'Harvey et exerçaient une influence si funeste, notamment le système mécanico-dynamique de Frédéric HOFFMANN (1660-1742) et l'animisme de Georges-Ernest STAHL (1660-1734). Celui-là admit comme cause de la vie des *monades animées* et un *éther nerveux*, celui-ci une âme *(anima)*, non clairement définie par lui-même, dont l'influence agissait d'une manière immédiate sur les phénomènes du corps vivant.

Le mal que firent ces deux systèmes contraires consista surtout en ceci : à la place de la méthode logique et expérimentale, de la méthode fondée sur la causalité naturelle, de la méthode de Harvey, on vit les causes finales jouer le rôle principal dans les organismes, et le souci des faits se perdre de plus en plus. Aucune de ces deux écoles, qui firent tant de bruit, n'enrichit la physiologie d'une découverte ou d'une invention de quelque valeur. La physiologie, au commencement du siècle précédent, rétrograda par l'effet d'hypothèses commodes, au lieu de persévérer dans les voies plus laborieuses sans doute, mais plus sûres, qu'avait ouvertes Harvey, en 1628, par sa découverte de la circulation du sang. Haller conjura à temps le danger, Haller avec qui commence une nouvelle évolution de la physiologie.

Albert de HALLER (1708-1777) a été souvent l'objet de jugements erronés, relativement aux services qu'il a rendus à la physiologie. Par sa *doctrine de l'irritabilité* et par d'autres belles recherches expérimentales poursuivies dans l'esprit de Harvey, notamment par sa discussion avec HAMBERGER sur les *mouvements de la respiration*, Haller fit bien connaître son originalité comme observateur et la pénétration de son esprit. Par la sûreté admirable avec laquelle il domina tout ce qui avait été fait avant lui, et par sa critique supérieure de presque tous les travaux physiologiques de ses prédécesseurs, Haller fut bien plus capable que par ses propres recherches d'exposer à nouveau, dans toutes ses parties, la physiologie d'une manière synthétique, comme une science particulière. Il lui était réservé d'accomplir ce travail de géant, et ses écrits sont un véritable trésor pour l'histoire de la physiologie. Mais, quelque considérables que soient les services qu'il a rendus à la physiologie, Haller n'a fait avancer cette science, ni, comme Harvey, par une de ces découvertes qui font époque, ni, comme Descartes, par une nouvelle méthode, ni par une sévère étude critique et expérimentale de ses devanciers : il a simplement édifié la synthèse laborieuse de tous les résultats obtenus jusqu'à son temps.

Haller n'avait pas de génie : mais il domina les faits avec une telle puissance, que la synthèse qu'il en donna lui a valu la gloire de père de la physiologie moderne. Il était tellement anatomiste, qu'il ne parvint pas à séparer la fonction, comme objet exclusif de la physiologie, des re-

cherches de l'anatomie. Ce qu'il appelle physiologie est en réalité, pour la plus grande partie,
une anatomie animée par l'étude des fonctions.
En outre, l'idée d'évolution ne convenait point
à son esprit. Lui, qui est l'auteur d'admirables
recherches embryologiques, il s'efforça, non sans
aveuglement, de maintenir debout, contre la
théorie de l'*épigenèse* de Gaspard-Frédéric
WOLFF (1733-1794), le dogme de la *prédélinéa-
tion*, de sorte qu'il étaya, de sa puissante autorité, la doctrine de l'emboîtement des germes.
Enfin, il faut noter l'éloignement de Haller pour
une conception moniste du corps vivant, considéré comme une machine, ce qui le porta même
à blâmer Descartes. L'activité presque sans
exemple qu'il déploya comme compilateur, com-
mentateur (de Boerhaave), éditeur, bibliographe,
référant et récensant, empêcha peut-être son
esprit de poursuivre jusqu'à leurs limites les
problèmes de la physiologie. Quoi qu'il en soit,
avec Haller commença une nouvelle ère, car il
donna le premier une exposition complète de la
physiologie fondée sur une base expérimentale
et rigoureusement scientifique, et, le premier,
il reconnut le rôle de l'excitabilité des muscles
comme d'une propriété vitale différente de l'irritabilité générale organique de Glisson.

La doctrine de l'irritabilité de Haller fut alté-
rée en deux sens : d'abord par John BROWN (1735-
1788), dont le système plein de contradictions eut
peu de succès auprès des physiologistes et causa

beaucoup de mal parmi les médecins ; puis par les partisans du VITALISME, qui, en Allemagne surtout, ont longtemps retardé les progrès de la physiologie.

Tandis que, en dépit du vitalisme, SPALLAN-ZANI (1729-1799) et Félix FONTANA (1730-1805), en Italie, tous deux expérimentateurs très habiles ; en France, le jeune BICHAT (1771-1802) et VICQ D'AZIR (1748-1794) ; en Angleterre, Etienne HALES (1677-1761), le créateur de l'*hémostatique* (1) 1733, l'observateur des mouvements de la sève dans les plantes, et le grand pathologiste John HUNTER (1728-1793) ; en Hollande, J. INGEN-HOUSS (1730-1799), qui découvrit la *respiration des plantes* et l'*absorption de l'acide carbonique par les plantes*, — avaient tous enrichi, par des travaux variés, considérables, la physiologie pure, en s'efforçant, comme Haller, d'écarter des faits les conceptions subjectives, en Allemagne, les doctrines de la force vitale, en faisant négliger l'étude des processus mécaniques et chimiques des corps vivants, étouffaient l'expérimentation méthodique.

Sans doute, après la mort de Haller, quelques savants, en petit nombre, notamment J.-G. KŒLREUTER (1733-1806) et C.-G. SPRENGEL (1750-1816), dont les travaux de physiologie végétale sont fameux, puis J.-F. EBERLE (1798-1834), qui

---

(1) Etienne Hales employa un manomètre pour mesurer la pression du sang.

découvrit le suc gastrique artificiel et l'action du suc pancréatique sur la fécule et sur la graisse, cultivèrent aussi avec succès la physiologie expérimentale en Allemagne : mais alors ils furent méconnus et, d'une manière générale, la physiologie échoua sur l'écueil stérile de la spéculation, grâce surtout à l'influence de la philosophie en Allemagne. Même la plus grande découverte qui ait été faite en chimie, celle de l'oxygène, par PRIESTLEY (1774) et LAVOISIER, n'eut aucunement pour effet de donner immédiatement un nouvel essor à l'investigation physiologique, quoique, par cette découverte, les grandes lignes d'une *théorie de la respiration*, telle que l'avait déjà créée Mayow, cent ans auparant, eussent été de nouveau révélées au monde par LAVOISIER (1777), et que GIRTANNER (1790) eût prouvé que le sang veineux absorbe de l'oxygène dans les poumons. Les physiologistes, même REIL (1759-1813) et BLUMENBACH (1752-1840) étaient, comme BURDACH et OKEN, trop adonnés à la philosophie de la nature. La spéculation conserva en Allemagne sa prééminence sur l'expérience, même après la découverte fondamentale (1811 et 1821), par Charles BELL (1774-1842), de la *différence fonctionnelle des nerfs postérieurs et antérieurs de la moelle épinière*, et après celle du *nœud vital* (1812), par LEGALLOIS (1770-1814).

Dans un domaine seulement, celui de l'électrophysiologie, les recherches expérimentales d'un grand nombre de savants furent couronnées de succès. Les décharges électriques des gymnotes observées en 1773, par Walsh, et, en 1782, par Broussonet, et l'électricité animale, que Volta ne voulut pas reconnaître, découverte, d'une manière pleinement indépendante, par GALVANI (1737-1798), conduisirent à une vaste enquête en cette province de la science. Alexandre de HUMBOLDT surtout (1797), J.-M. RITTER (1776-1810) et Chr.-H. PFAFF (1773-1852) ont contribué aux progrès de la découverte de Galvani.

Au reste, par l'effet de l'éparpillement de ses forces, la physiologie courait le danger de perdre dans la science sa place si laborieusement conquise, encore qu'une série de traités de physiologie par Hildebrandt, Prochaska, Autenrieth et d'autres, cherchât déjà à rassembler les matériaux dispersés. La restauration et la transformation complète de la physiologie fut l'œuvre de Jean Müller.

Cinquième période.

Jean MÜLLER (1801-1858) est sans rival dans l'histoire de la physiologie, parce qu'il est le seul qui ait embrassé les aspects multiples de cette science. En joignant pour la première fois l'investigation physico-chimique à l'anatomie comparée et à l'embryologie, Jean Müller a créé la *physiologie comparée*. Il le déclare lui-même en ces termes : « C'est en considérant les organes au point de vue de l'anatomie comparée, tant dans le monde animal qu'en embryologie, que nous apprenons à connaître le mode réel de leur formation et que nous puisons la notion physiologique des organes. Aussi la physiologie ne peut-elle être que comparative. » (1827).

Nature éminemment philosophique, créateur de la doctrine de l'*énergie spécifique* des nerfs et père de la psychologie physiologique, physicien et morphologiste éminent, ici même bien supérieur à son maître, K.-A. Rudolphi (1771-1832), observateur et expérimentateur de premier ordre, doué d'un sens des faits et d'une force de travail très peu communs, Jean Müller réunit de la façon la plus heureuse en un tout organique les disciplines en apparence les plus éloignées les unes des autres. La science d'Aristote, le génie systématique de Galien, l'observation méthodique de Harvey, l'application infatigable de Haller, on les retrouve chez Müller. Les différentes sciences s'étaient déjà développées isolément au temps de Jean Müller, mais aucun autre que lui ne pouvait en présenter la synthèse.

F. Magendie (1783-1855), un des plus habiles vivisecteurs, avait donné une vie nouvelle à la physiologie expérimentale, notamment en vérifiant la découverte de Bell; Ignace Döllinger (né en 1770) avait, avec Charles-Ernest von Baer (1792-1876), fondé l'embryologie spéciale; Étienne Geoffroy-Saint-Hilaire (1772-1844) avait établi la doctrine de l'équivalence fonctionnelle et morphologique des organes; Lamarck (1809), le père de la théorie de la descendance, avait reconnu l'*influence des fonctions sur les organes*, et fait voir l'importance de l'usage et du non-usage pour la transformation des parties; Georges Cuvier (1769-1832) avait cherché à distinguer rigoureusement les fonctions et à déterminer l'organe d'après la fonction; Richerand (1801), G.-R. Treviranus (1802) et Fourcault (1829) avaient excité les médecins à réfléchir sur les questions de physiologie générale; Berzelius (1779-1848), après les travaux de Fourcroy et de Vauquelin, avait fondé la zoochimie; Th. de Saussure (1767-1845) avait réformé la physiologie végétale, Chladni (1802) avait créé l'acoustique, Kant (1781) avait posé les fondements de toute théorie future des sens, Purkinje (1787-1869) avait, pour la première fois, en physiologiste, fait un usage scientifique de l'observation de soi-même: — de toutes ces sciences, qui s'étaient développées indépendamment les unes des autres, Jean Müller édifia la physiologie moderne.

Cependant telle était l'étendue de son œuvre, qu'avant sa mort déjà tout cet ensemble de connaissances, dont Jean Müller avait fait un tout harmonique, se décomposa de nouveau en disciplines physiologiques indépendantes. Parmi elles, c'est la physique physiologique qui a produit les plus grands résultats, et cela par une des plus importantes découvertes de tous les temps, par la découverte de l'équivalent mécanique de la chaleur (1840), qui est due au médecin Jules-Robert MAYER d'Heilbronn (1814-1878).

Se trouvant, comme médecin de marine, à Batavia, il remarqua, en pratiquant des saignées sur des Européens récemment arrivés, que le sang veineux était plus rouge que dans le Nord (1). Il supposa que la cause en devait être la haute température de la zône torride. La chaleur propre du corps humain, résultat de l'oxydation, comme le rend vraisemblable la diminution d'oxygène du sang dans les veines est, en effet, à peu près semblable chez les hommes de toutes les zônes: par conséquent, la production de chaleur doit être dans un rapport déterminé avec la dépense de chaleur. Si les pertes de chaleur augmentent, la calorification croîtra; si les pertes diminuent, la calorification diminuera de même. De là, dans les climats tropicaux, la désoxygénation moindre du sang veineux, la couleur rouge ou artérielle de ce sang, et, en même temps, la quantité moindre des substances oxydées, et celle de la nourriture quotidienne, parce que les pertes de chaleur sont moindres. La nutrition sert sur- tout, notamment chez les adultes, à la calorifi- cation, résultat de la combustion, et seulement pour une part plus petite au renouvellement des tissus et des organes. De la chaleur est encore produite par le frottement qui a lieu pendant le

---

(1) « Le sang de la veine du bras était extraordinairement rouge, dit J.-R. Mayer, à tel point que je croyais avoir rencontré une artère. » *Mémoire sur le mouvement organique dans ses rapports avec la nutrition*, traduit par L. Pérard. (*Note du traducteur.*)

jeu des organes et par toutes sortes de mouvements, en un mot, par du travail.

Cette chaleur dérive-t-elle, ou non, des oxydations qui s'accomplissent dans le corps? Mayer
admet la première hypothèse; il soutient que la
quantité de chaleur dégagée par la combustion
d'une quantité déterminée de substance quelconque est invariable, n'importe comment la combustion ait lieu. Par conséquent, qu'il travaille ou
non, l'organisme ne pourrait augmenter ni dimi-
nuer la quantité de chaleur susceptible d'être produite par l'oxydation des aliments. Autrement, en
effet, il faudrait que l'organisme fût capable de
créer de la chaleur de rien, ou bien qu'il fût
capable d'en anéantir. Mais si la quantité totale
de chaleur produite par l'oxydation, plus celle
réalisable par le travail, est exactement semblable à la quantité de chaleur produite par la
combustion entière des aliments, alors la chaleur totale capable d'être produite par dépense
de force ou mécaniquement, doit se trouver dans
un certain rapport de grandeur avec le travail
employé. Au cas contraire, la quantité de travail et de nutrition restant la même, il pourrait
naître tantôt plus, tantôt moins de chaleur, et
la quantité totale de chaleur susceptible d'être
obtenue d'un quantum déterminé de nourriture, au moyen de l'oxydation, ne serait plus
invariable; le principe admis serait donc faux.
Ainsi ce principe exige un rapport constant
entre la chaleur et le travail.

La première est mesurée par le degré d'élévation de la température de l'eau, le second par
l'élévation d'un poids. Mayer détermina la hauteur à laquelle un poids doit être élevé pour que,
en tombant, il échauffe d'un degré le même
poids d'eau par frottement ou pression. De recherches postérieures plus exactes que les
siennes il résulte que, 1 kilogramme, tombant
d'une hauteur de 424 mètres, élève de 0^u à 1° c.,
par sa force de chute, la même quantité d'eau,
c'est-à-dire que l'équivalent mécanique de la
chaleur est de 424 kilogrammètres. En d'autres
termes, la même quantité de chaleur nécessaire
pour élever de 0° à 1°, 1 kilogramme d'eau, suffit
pour élever à la hauteur de 1 mètre 424 kilogram-
mes, ou encore pour élever 1 kilogramme à la
hauteur de 424 mètres, parce qu'elle est identique à la force requise à cet effet.

Par là était fondée la *théorie mécanique de la
chaleur,* ainsi que la nouvelle *physique physiologique.* Bien que, jusqu'ici, cette grande vérité
scientifique, née sur le terrain de la physiologie,
découverte sans tentatives antérieures par un
médecin dont les connaissances en mathématique et en physique laissaient à désirer (par une
puissance de raisonnement que Galilée et Newton n'ont pas dépassée), constituée expérimentalement, et dont l'infinie portée fut reconnue
dès 1842, — quoique cette découverte du rapport
constant de la chaleur et du travail ait beaucoup
plus profité jusqu'ici à la physique théorique et

à la mécanique appliquée, surtout à l'art de la
construction des machines, qu'à la physiologie
et notamment qu'à la théorie de la chaleur animale, il n'en est pas moins vrai que, depuis cette
époque, l'application des sévères méthodes des
physiciens dans la manière de penser et d'ensei-
gner est devenue générale en physiologie. Ernest-
Henri WEBER (1795-1878) avait bien déjà, un des
premiers, appliqué la méthode exacte des physiciens dans une autre direction avec un brillant
succès, notamment à partir de 1820, dans ses
travaux sur la vue et sur l'ouïe, et Édouard WE-
BER également (1806-1871), qui découvrit les nerfs
d'arrêt, ainsi que A.-W. VOLKMANN (1801-1877):
mais ces savants restèrent d'abord assez isolés.

La transformation de la biologie morphologique par la THÉORIE CELLULAIRE et le perfec-
tionnement du microscope a, d'un tout autre
côté, admirablement favorisé les progrès de la
physiologie. La doctrine de la vie des cellules,
ou des organismes élémentaires, a pris de plus en
plus d'importance dans l'étude de tous les phénomènes de la vie, surtout depuis la constitution de
la pathologie cellulaire. Il n'existe pourtant pas
encore jusqu'ici de physiologie cellulaire systématique, quoiqu'elle ait déjà été tentée (1839) par
Théodore SCHWANN (1810-1882); que SCHLEIDEN
(1804-1881) ait découvert dans les cellules végétales le protoplasma, signalé antérieurement, en
1838, mais sous un autre nom (l'*Urschleim*
d'Oken), et que Max SCHULTZE (1825-1874), en dé-

montrant l'identité du protoplasma animal et végétal, ait contribué plus que personne à la constituer.

La division profonde de la physiologie moderne en deux branches, la branche physique, et une branche surtout chimique, inaugurée par Liebig (1803-1873), à laquelle se rattache une école éclectique, celle de Flourens (1794-1867) et de Claude Bernard (1813-1878), dont les expériences de visisection ont si fort avancé la science, a eu sa principale cause dans l'élimination, depuis 1828, depuis la fondation de la chimie synthétique, par Wöhler (1800-1882), du *vitalisme*. Cette révolution a eu pour conséquence un abandon prononcé des recherches générales, historiques et synthétiques, dans le domaine de la physiologie. La physiologie comparée, fondée par Jean Müller, a reculé provisoirement au second plan devant les investigations physico-chimiques de certaines fonctions particulières d'animaux étudiés isolément, devant une embryologie et une théorie de la génération expérimentales, surtout devant l'examen approfondi de l'évolution du substratum organique des fonctions dans la théorie des fonctions à laquelle sert de base la doctrine de Charles Darwin (1809-1882), doctrine de la concurrence vitale, de la sélection, de l'hérédité et de la variabilité (1859), facteurs essentiels de la transformation de la nature organique, toutes questions scientifiques réservées à l'avenir. Les grands progrès de la chimie et de la physique ont été cause qu'on s'est presque exclusivement occupé de ces phénomènes biologiques qui se présentent tout d'abord à l'étude comme étant surtout de nature chimique et physique, sans aborder encore l'examen des phénomènes plus délicats.

C'est ainsi que la psychologie expérimentale elle-même est surtout une physique des organes des sens, et que l'étude de la psychogenèse est seulement en voie de formation.

La chimie et la physique spéciales de certains appareils organiques ont conduit de nos jours, avec une étonnante rapidité, à un grand nombre d'importantes découvertes : il est maintenant nécessaire de réhabiliter la physiologie générale, et de travailler aussi bien en comparant les organismes dans la succession des temps (phylogenèse), qu'en les étudiant dans leur évolution individuelle (ontogenèse), ce qu'exige un examen approfondi des très nombreux matériaux morphologiques dont dispose aujourd'hui la science.

CHAPITRE III

Ce qui résulte de l'histoire de la physiologie, c'est, d'une manière générale, que le développement de cette science, plusieurs fois interrompu par des époques dans lesquelles elle resta stationnaire ou rétrograda, a été progressif. Une courbe telle que celle que nous figurons ici, re-

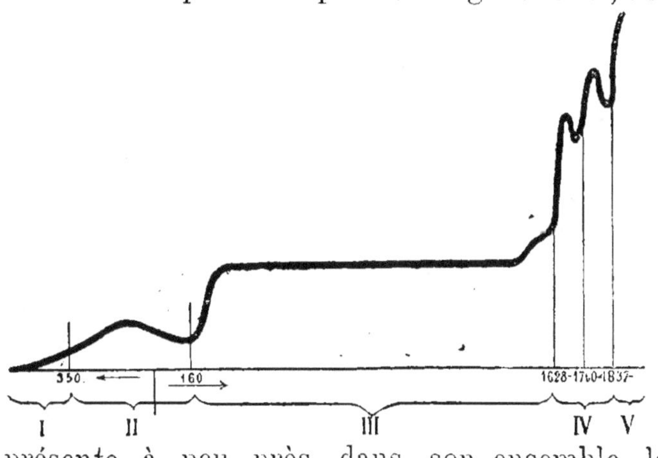

présente à peu près, dans son ensemble, la marche inégalement progressive de ce développement de la physiologie.

Dans la première période (I), la physiologie appartenait, comme discipline purement spéculative, à la philosophie naturelle; — dans la seconde (II), la physiologie, essentiellement descriptive, et non constituée d'une manière indépendante, faisait partie de la zoologie, de l'anatomie, de la pathologie; — dans la troisième (III), la plus longue période de toutes, la physiologie ne repose encore que sur des bases dogmatiques, purement empiriques ; elle est descriptive; ses explications sont toutes pénétrées de téléologie; elle est surtout rattachée à l'anatomie et à la médecine; — dans la quatrième période (IV), la méthode expérimentale l'emporte, et, avec elle (les causes finales et la scholastique ayant été bannies de la science), la causalité naturelle; l'anatomie forme les fondements de la physiologie, désormais complétement séparée de la médecine, mais elle n'est encore traitée que dans son union intime avec l'anatomie, et la philosophie de la nature lui cause de grands dommages; — enfin, dans la cinquième période (V), les liens de ces deux disciplines se relâchent, la physiologie devient la chimie et la physique des corps vivants et suppose l'anatomie. Mais elle court le danger de perdre, en s'éparpillant, l'autonomie qu'elle vient de conquérir. Son rapport avec la médecine est renversé : c'est désormais la médecine qui dépend de la physiologie.

En prenant pour point de départ le domaine

scientifique commun à la physiologie et à la morphologie, — celui de la théorie de l'évolution, — et en s'appuyant sur sa propre histoire, la pure physiologie parviendra à se créer dans l'avenir, comme science génétique des fonctions, une nouvelle situation dominante.

La question, en effet, n'est pas uniquement de savoir ce que *sont* les phénomènes de la vie, mais comment ils sont *devenus* ce qu'ils sont.

Et le physiologiste ne doit pas seulement savoir ce qui, de son temps, est tenu pour vrai : il doit connaître aussi ce que les grands penseurs du passé considéraient comme tel. Les études historiques ne sont pas moins nécessaires à l'étudiant qu'à celui qui veut demeurer sur les hauteurs de la science. L'étude deviendra infiniment plus facile, si les faits et les doctrines qu'on enseigne ne sont point exposés doctrinalement, comme quelque chose d'achevé et de définitif, sous leur forme actuelle, mais développés historiquement, en tenant compte des temps où les pères de ces doctrines ont vécu et travaillé. Le savant qui connaît l'histoire des problèmes qu'il étudie, évite plus facilement les erreurs dans lesquelles d'autres sont tombés avant lui, il ne fait point de découvertes déjà faites, il ne présente pas comme neuves des hypothèses et des théories qui existaient déjà. Aujourd'hui, où l'histoire de la physiologie trouve à peine un historien, il est utile d'attirer tout particulièrement l'attention sur ce point.

CHAPITRE IV

BIBLIOGRAPHIE PHYSIOLOGIQUE

Il n'existe point d'ouvrage unique qui embrasse
tout le domaine de la physiologie moderne. Les
Encyclopédies et les Dictionnaires d'anatomie et
de physiologie ont vieilli, ils sont d'inégale valeur
ou incomplets. Les Traités et les Manuels modernes sont, aussi bien que les Leçons de physiologie professées dans les Universités, surchar-
gés la plupart du temps d'expositions de pure
physique, de pure chimie, de pure histologie;
les différents chapitres y sont traités avec des dé-
loppements inégaux. Les Journaux périodiques
et les publications des Sociétés savantes, des
Congrès scientifiques, contiennent, outre les ar-
ticles de physiologie, d'autres travaux intéres-
sant soit les sciences naturelles, soit la médecine. Quant à des Catalogues ou Répertoires,
exclusivement consacrés aux écrits de physiologie, et dans leur ensemble, il n'en existe pas. Ce
sont les Annales et les Journaux de médecine

qui insèrent des comptes rendus, qui en tiennent lieu. Les monographies et les dissertations publiées sur des sujets de pure physiologie ne sont pas nombreuses.

La bibliographie d'aucune science n'est aussi disséminée, aussi difficile à embrasser d'un seul coup d'œil, que celle de la physiologie. Un grand nombre de travaux physiologiques originaux se trouvent, en effet, dans les livres et les journaux d'anatomie, de physique, de chimie, de médecine, de zoologie, de botanique, de philosophie, de psychologie, d'anthropologie, d'agronomie, d'hygiène.

Voici, réunis, quelques-uns des ouvrages les plus importants de physiologie.

Ouvrages systématiques et traités.

Γαληνοῦ Περγαμηνοῦ περὶ χρείας τῶν ἐν ἀνθρώπου σώματι μορίων λόγοι ιζ'. (Claudi Galeni *De usu partium corporis humani* libri XVII.)

Ebn-Sina, *El-Kânoûn fil-tibb* (*Avicennæ Canon medicæ* liber primus). Le premier chapitre du premier livre renferme la théorie des fonctions.

Jean Fernel, *De naturali parte medicinæ,* libri septem. 1542.

Joh. Bohn, *Circulus anatomico-physiologicus seu Œconomia corporis animalis.* 1680.

J.-B. van HELMONT, *Ortus medicinæ, id est initia physicæ inaudita.* 1648.

DESCARTES, *De homine.* 1662.

BORELLI, *De motu animalium.* 1680, Rome.

F. de le Boë SYLVIUS, *Disputationes medicæ.* 1659.

BOERHAAVE, *Institutiones medicæ.* 1708,

Fr. HOFFMANN, 1. *Philosophia corporis humani vivi et sani* 1718; 2. *Physiologia.* 1746.

A. de HALLER, *Elementa physiologiæ corporis humani.* 1757-1766. — *Auctarium.* 1780.

A. de HALLER, *Primæ lineæ physiologiæ.* Editio IV emendata et aucta ab H.-G. Wrisberg. 1780.

J.-H. AUTENRIETH, *Handbuch der empirischen Physiologie.* Tübingen, 1801 et 1802.

C.-L. DUMAS, *Principes de Physiologie.* 2ᶜ édit., Paris, 1806.

J.-F. BLUMENBACH, *Institutiones physiologicæ.* 1787. 3ᵉ édit., 1810.

Ph.-F. WALTHER, *Physiologie des Menschen mit durchgängiger Rücksicht auf die comparative Physiologie der Thiere.* Landshut, 1807.

LENHOSSEK, *Physiologia medicinalis.* 1816.

F. MAGENDIE, *Précis élémentaire de physiologie,* 1816. 2ᵉ édit. 1825. 2 vol.

C.-A. RUDOLPHI, *Grundriss der Physiologie.* Berlin, 1821-1823. 2 vol.

Joh. MÜLLER, 1. *Grundriss der Vorlesungen über die Physiologie.* Bonn, 1827. 2. *Handbuch der Physiologie des Menschen.* 1833. 4ᵉ édit., 1844. 2 vol.

C. LUDWIG, *Lehrbuch der Physiologie des Menschen.* 2ᵉ édit., 1858-1861. 2 vol.

G.-R. TREVIRANUS, *Biologie.* Göttingen, 1803-1823. 6 vol.

Otto FUNKE, *Lehrbuch der Physiologie für akademische Vorlesungen und zum Selbststudium.* 6ᵉ édit., 1876-1880. 2 vol.

G. VALENTIN, *Lehrbuch der Physiologie des Menschen für Aerzte und Studirende.* 1844. 2 vol.

F.-A. LONGET, *Traité de physiologie.* 2ᵉ édit., 1860-1861. 2 vol.

Joh. RANKE, *Grundzüge der Physiologie des Menschen mit Rücksicht auf die Gesundheitspflege.* 1868, 1ʳᵉ édit., 1881, 4ᵉ édit.

E. BRÜCKE, *Vorlesungen über Physiologie.* 2ᵉ et 3ᵉ édit., 1881 et 1882. 2 vol. (Publié sous les yeux de l'auteur d'après la sténographie.)

Ludimar HERMANN, *Grundriss der Physiologie des Menschen.* 7ᵉ édit., 1882.

K. VIERORDT, *Grundriss der Physiologie des Menschen.* 1859. 5ᵉ édit., 1879.

W. WUNDT, *Lehrbuch der Physiologie des Menschen.* 1878, 4ᵉ édit.

M. FOSTER, *Lehrbuch der Physiologie.* (Trad. en allemand par Kleinenberg et Brückner.) Heidelberg, 1881.

C. BERGMANN et R. LEUCKART, *Anatomisch-*

physiologische Uebersicht des Thierreichs. Vergleichende Anatomie und Physiologie. 1855.

C.-F. Burdach, *Die Physiologie als Erfahrungswissenschaft.* 1835-1838.

A. Richerand, *Nouveaux éléments de physiologie.* 3ᵉ édit., Paris, 1820. 2 vol.

A. Fourcault, *Lois de l'organisme vivant ou application des lois physico-chimiques à la physiologie.* Paris, 1829. 2 vol.

H. Milne-Edwards, *Leçons sur la physiologie et l'anatomie comparée.* 1857-1880.

G. Paladino, *Istituzione di fisiologia.* Naples, 1878-1882.

En outre, les traités de physiologie de l'homme de J. Béclard, Beaunis, Carpenter, Huxley, Flint, Kirkes, Dalton, Donders, Panum, Budge, Landois, Fick, Steiner, etc. Enfin, plusieurs ouvrages nouveaux sur la physiologie végétale.

Encyclopédies et lexiques.

Handwörterbuch der Physiologie, herausgegeben von Rud. Wagner. 4 vol. 1842 à 1853.

Cyclopædia of Anatomy and Physiology, par B. Todd. 5 vol. 1835 à 1859.

Anatomisch-physiologisches Realwörterbuch, herausgegeben von J.-F. Pierer und (du 4ᵐᵉ au 7ᵐᵉ vol.) von N. Choulant, 8 vol. 1816 à 1829.

Handbuch der Physiologie, herausgegeben von L. Hermann. Depuis 1879.

Journaux.

1. *Archiv für die Physiologie,* von J.-C. REIL
und AUTENRIETH (à partir du 7ᵉ vol.).
12 vol. Halle, 1796-1815. Suite :
Deutsches Archiv für die Physiologie, von
J.-F. MECKEL. 8 vol. Halle, 1815-1823.
Suite :
Archiv für Anatomie und Physiologie, von
J.-F. MECKEL. 6 vol. Leipzig, 1826-1832.
Suite :
*Archiv für Anatomie, Physiologie und wis-
senschaftliche Medizin,* von Johannes MÜL-
LER. 25 vol. Berlin, 1834-1858. Suite, sous le
même titre, par C.-B. REICHERT et E.
DU BOIS-REYMOND, 1859-1876 :

α. *Zeitschrift für Anatomie und Entwicklungs-
geschichte,* von W. HIS und BRAUNE (depuis
1876).

β. *Archiv für Physiologie,* von E. DU BOIS-
REYMOND (depuis 1877).

2. *Archiv für die gesammte Physiologie des
Menschen und der Thiere,* von E.-F.-W.
PFLÜGER. Bonn (depuis 1868).

3. *Zeitschrift für Biologie,* herausg. (depuis
1865) von BUHL, PETTENKOFER, VOIT und
RADLKOFER; depuis 1875, par les trois premiers; depuis 1880, par PETTENKOFER et
VOIT; depuis 1883, par W. KUEHNE et VOIT.

4. *Journal de physiologie expérimentale et pathologique*, par F. MAGENDIE. 11 vol. Paris, 1821 à 1831.

5. *Zeitschrift für die organische Physik*, von C.-F. HEUSINGER. 4 vol. Eisenach, 1827 à 1828.

6. *Zeitschrift für Physiologie*, von Friedrich TIEDEMANN, Gottfr.-Reinhold TREVIRANUS und Lud.-Chr. TREVIRANUS. 5 vol. 1824 à 1833. (Publié aussi sous le titre : *Untersuchungen über die Natur des Menschen, der Thiere und der Pflanzen.)*

7. *Journal de la physiologie de l'homme et des animaux*, par BROWN-SÉQUARD. Paris, 6 vol. 1858-1863. Continuation :
Journal de l'anatomie et de la physiologie normale et pathologique de l'homme et des animaux, par Ch. ROBIN. Paris, depuis 1864.

8. *Archives de physiologie normale et pathologique*, par BROWN-SÉQUARD, CHARCOT, VULPIAN. Paris, depuis 1868.

9. *Journal of Physiology*, publié par M. FOSTER de Cambridge, depuis 1878.

10. *Journal of Anatomy and Physiology*, par HUMPHRY, TURNER et MAC KENDRICK. 16 vol. 1882.

11. *Archives italiennes de Biologie*, par C. EMERY et A. MOSSO. Paris, depuis 1881.

12. *Annales des sciences naturelles*, comprenant la Physiologie animale et végétale, l'Ana-

tomie comparée des deux règnes, la Zoologie, la Botanique, etc. Paris, depuis 1824 sans interruption.

13. *Archives de zoologie expérimentale et générale*, par LACAZE-DUTHIERS. Paris, depuis 1872.

14. *Archives de biologie*, par Ed. van BENEDEN et Ch. van BAMBEKE. Depuis 1880.

15. *Zeitschrift für wissenschaftliche Zoologie*, von C.-J. von SIEBOLD und A. von KÖLLIKER. Leipzig. A partir de 1849.

16. *Archiv für pathologische Anatomie und Physiologie und für klinische Medizin*, von R. VIRCHOW (und B. REINHARDT). Berlin, depuis 1847. A partir du 4me vol. par Virchow, seul.

17. *Archiv für Naturgeschichte* von WIEGMANN, fortgesetzt von ERICHSON und TROSCHEL. Berlin, depuis 1835.

18. *Untersuchungen zur Naturlehre des Menschen und der Thiere*, herausgegeben von Jac. MOLESCHOTT. Depuis 1857.

19. *Sammlung physiologischer Abhandlungen*, publié par W. PREYER. 1876-1881.

Un grand nombre de Mémoires originaux de physiologie se trouvent dans les Archives et Journaux de médecine interne, de médecine clinique, de médecine rationnelle, de thérapeutique, de gynécologie, d'obstétrique et de gynécologie, de pathologie expérimentale et de pharmacologie, d'anatomie microscopique, de morphologie, d'agronomie, etc. A côté des journaux de physiologie, se placent les nombreux Recueils de travaux des Instituts physiologiques des Universités, surtout en Allemagne.

*Annuaires, ouvrages historiques
et bibliographiques.*

1834 à 1837.   *Jahresberichte über die Fortschritte der Physiologie*, par Jean MÜLLER, dans ses *Archives*.

1838 à 1846.   Par Th. L. BISCHOFF.

1836 à 1843.   Dans le *Repertorium für Anatomie und Physiologie*, par G. VALENTIN. 8 vol. Berlin, Berne et Saint-Gall. 1836-1846.

1856 à 1871-2.   Par G. MEISSNER dans la *Zeitschrift für rationelle Medizin*. Dont la suite a paru, depuis 1872, dans les *Jahresberichte über die Fortschritte der Anatomie und Physiologie*. Leipzig. Editeurs : F. HOFFMANN et G. SCHWALBE.

1841 à 1865.   *Jahresberichte über die Fortschritte der gesammten Medicin.* La suite publiée, depuis 1866, par VIRCHOW et HIRSCH.

1822 à 1849.   Dans les Frorieps *Notizen* (101 vol.), comptes rendus et bibliographie.

Depuis 1863.   Comptes rendus dans le *Centralblatt für die medicinischen Wissenschaften*. Berlin.

Depuis 1881.   Comptes rendus dans le *Biologisches Centralblatt*. Erlangen.

1817 à 1848. Dans l'*Isis* d'Oken, un grand nombre de communications de physiologie comparée.

1800 à 1873. Titres de mémoires relatifs aux sciences de la nature, à la physiologie aussi, publiés dans les journaux périodiques et dans les publications des Sociétés savantes, aux noms des auteurs, classés dans l'ordre alphabétique, dans le *Catalogue of scientific Papers, compiled and publishted by the Royal society of London.* 8 vol.

1700 à 1846. Titres d'ouvrages relatifs à la physiologie comparée dans la *Bibliotheca historico-naturalis*, d'Engelmann. 1 vol., pp. 203 à 288.

1848 à 1867. *Bibliotheca anatomica et physiologica, oder Verzeichniss aller auf dem Gebiete der Anatomie und*

Physiologie in den letzten 20 Jahren im Deutschen Buchhandel erschienenen Bücher und Zeitschriften, von Adolph Büchting. Nordhausen, 1868.

De nombreux catalogues de librairie (sciences naturelles et médecine) servent à compléter ces renseignements.

Depuis 1834. Bibliographie physiologique dans les *Jahrbücher der gesammten Medicin*, de Schmidt.

Des plus anciens temps à 1776 : *Bibliotheca anatomica qua scripta ad anatomen et physiologiam facientia a rerum initiis recensentur*, auctore Alberto von Haller. 2 vol. (Important pour l'histoire et la bibliographie de la physiologie, jusqu'en 1776.)

Depuis les temps les plus anciens : *Versuch einer pragmatischen Geschichte der Arzneykunde* von Kurt Sprengel, 3ᵉ édit., Iʳᵉ partie, 1821.

Depuis les temps les plus anciens : *Lehrbuch der Geschichte der Medicin*, von H. Haeser (ces deux ouvrages importants pour l'histoire de la physiologie).

Pour l'histoire de la physiologie végétale, de 1583 à 1860 : *Geschichte der Botanik vom 16 Jahrh. bis 1860*, von Julius Sachs. 1875, pp. 387 à 612.

Des temps les plus anciens à 1863: *Biographisch-literarisches Handwörterbuch zur Geschichte der exacten Wissenschaften,* von J.-C. POGGENDORFF. 1863, 2 vol. (Biographie et bibliographie.)

Ouvrages fondamentaux sur les différentes branches de la physiologie.

ARISTOTELES, Ἱστορίαι περὶ ζώων. (Premiers fondements de la physiologie comparée).

William HARVEY, *Exercitatio anatomica de motu cordis et sanguinis in animalibus.* 1628. (Fondement de la théorie de la circulation du sang et de la physiologie expérimentale avec la pratique des vivisections).

Étienne HALES, *Statical essays containing vegetable and animal staticks.* 1731 à 1733. (Fondement de l'hémostatique).

John MAYOW, *Tractatus quinque medicophysici.* (Première base de la théorie de la respiration).

LAVOISIER, *Sur la respiration des animaux et sur les changements qui arrivent à l'air en passant par leur poumon.* 1777. (Constitution définitive de la théorie de la respiration).

Justus von LIEBIG, *Die Thier-Chemie oder die organische Chemie in ihrer Anwendung auf Physiologie und Pathologie.* 1842, 3ᵉ édit., 1846. (Fondement de la théorie de la nutrition).

A. von HALLER, *Von den reizbaren Theilen des*

menschlichen Körpers. 1756. (Fondement de la physiologie des muscles).

Charles BELL, *On the nerves: giving an account of some experiments on their structure and functions, which lead to a new arrangement of the system.* 1821. (Fondement de la physiologie des nerfs).

Luigi (Aloisio) GALVANI, *De viribus electricitatis in motu musculari.* 1791. (Fondement de l'électrophysiologie).

E. du BOIS-REYMOND, *Untersuchungen über thierische Elektricität.* 1848 à 1860. (Réforme de l'électrophysiologie).

LEGALLOIS, *Expériences sur le principe de la vie.* Paris, 1812. (Découverte du premier centre nerveux.

Joh. MÜLLER, *Zur vergleichenden Physiologie des Gesichtssinnes.* 1826. (Première base de l'optique physiologique).

H. HELMHOLTZ, *Handbuch der physiologischen Optik.* 1856 à 1867. (Constitution définitive de cette branche de la science).

C.-F. CHLADNI, *Die Akustik.* 1802. (Premiers fondements de l'acoustique physiologique).

H. HELMHOLTZ, *Die Lehre von den Tonempfindungen.* 1re édit., 1862 ; 4e édit., 1878. (Constitution définitive de cette branche de la science).

G. Th. FECHNER, *Elemente der Psychophysik.* 1860. (Fondement de la psychophysique).

W. HARVEY, *De generatione animalium.* 1851. (Base de l'embryologie expérimentale).

Caspar-Friedr WOLFF, *Theoria generationis.* 1759. (Fondement de la théorie de l'épigenèse).

Xav. BICHAT, *Recherches physiologiques sur la vie et la mort.* An VIII. (Base de la thanatologie).

LAMARCK, *Philosophie zoologique.* 1809. (Premiers fondements de la théorie de la descendance).

Charles DARWIN, *On the Origin of species.* 1re édit., 1859. (Fondement de la théorie de l'évolution sur les principes de la concurrence vitale, de la sélection, de l'hérédité et de la variabilité).

Th. SCHWANN, *Mikroskopische Untersuchungen über die Uebereinstimmung in der Struktur und dem Wachsthum der Thiere und Pflanzen.* 1839. (Fondement de la physiologie cellulaire).

J. HENLE, *Allgemeine Anatomie. Lehre von den Mischungs-und Formbestandtheilen des menschlichen Korpers.* 1841. (Renferme la première exposition de la physiologie des tissus.)

Julius-Robert MAYER, *Die organische Bewegung in ihrem Zusammenhange mit dem Stoffwechsel.* Heilbronn, 1845. (Fondement de la théorie de la transformation des forces).

En outre, il existe plusieurs traités de physiologie végétale, de chimie physiologique (biochimie) et de physique médicale (biophysique), ainsi que d'embryologie, d'anatomie comparée, d'histologie et de pathologie, qui doivent figurer dans la bibliographie physiologique. De même, des ouvrages de psychologie, et une série de manuels sur l'étude des diverses fonctions et des humeurs de l'organisme animal, rédigés dans un but pratique, surtout médical et agronomique.

Guides à consulter pour les travaux pratiques dans les laboratoires de physiologie.

Richard GSCHEIDLEN, *Physiologische Methodik.* Ein Handbuch der praktischen Physiologie. Depuis 1876.

E. CYON, *Methodik der physiologischen Experimente und Vivisektionen.* Mit Atlas, 1876.

Claude BERNARD et HUETTE, *Précis iconographique de médecine opératoire et d'anatomie chirurgicale.* 1873, avec 113 planches.

Claude BERNARD, *Leçons de physiologie opératoire.* Paris, 1879.

Physiologie générale et physiologie spéciale.

Il n'existe pas en Allemagne d'ouvrage spécial sur la *physiologie générale moderne.* Quelques-uns des problèmes de cette science sont d'ordinaire signalés dans les livres de physiologie spéciale et s'y trouvent traités avec plus ou moins de développement. D'autres n'y sont point touchés.

Les *Leçons sur les phénomènes de la vie communs aux animaux et aux végétaux,* de Claude

BERNARD (Paris, 1878) sont le seul ouvrage moderne original qui embrasse toute la physiologie générale. Un très grand nombre de chapitres de cette science se trouvent dans la *Generelle Morphologie der Organismen* (1866), d'Ernest HAECKEL, et dans les œuvres d'Herbert SPENCER, notamment dans les *Principes de Biologie* (1864-1867), qui, comme le grand ouvrage d'Haeckel, sont également inspirés par la théorie de l'évolution.

A côté de ces ouvrages considérables, partant du point de vue morphologique et du point de vue philosophique, se placent des travaux plus modestes, tels que la *Biologie générale (Allgemeine Biologie)*, surtout chimique, de F. HOPPE - SEYLER (1877), et les importants Mémoires, de E. BRÜCKE (1861), sur *les organismes élémentaires (Die Elementarorganismen)*, et de E.-F.-W. PFLÜGER (1875), sur la *Combustion physiologique*. L'ouvrage de LOTZE, *Allgemeine Physiologie des körperlichen Lebens* (1851), n'a rencontré aucune imitation digne d'en être rapprochée dans les trente années qui ont suivi sa publication, époque où les esprits ont eu plus de goût pour les études de détail.

Cependant la nécessité d'une physiologie générale est évidente. Le rapport de la physiologie générale, ou bionomie, à la physiologie spéciale, ou biognosie, est déterminé par la nature même; il est strictement défini par cette considération, qu'une étude générale de l'ensemble des propriétés vitales, appartenant en commun aux corps vivants et à leurs composés, doit précéder l'étude des fonctions spéciales et particulières, qui forment le sujet de la biognosie. Les propriétés vitales communes à tous les êtres vivants, sont l'objet de la bionomie; cette discipline s'occupe donc de la nature de la vie et de la mort, de la matière, des formes, des forces de tous les corps vivants, en tant qu'elles sont identiques chez tous, et du concept d'activité organique ou de fonction physiologique. Les causes de la diversité que laissent paraître les corps vivants et la division de leurs fonctions appartiennent aussi à la physiologie générale.

DEUXIÈME PARTIE

PHYSIOLOGIE GÉNÉRALE

ou

BIONOMIE

CHAPITRE PREMIER

NATURE DE LA VIE

Le concept de la vie.

Aucune des nombreuses tentatives faites pour définir l'idée de la vie ne peut se vanter d'avoir joui d'une faveur durable ou générale. Ce qui rend surtout cette définition difficile, c'est que tout ce qui vit change sans cesse, et que l'idée du changement n'a pas encore été exactement définie. Il suffit de poser ici tout d'abord en principe, que l'état d'un corps vivant ne demeure jamais le même deux instants durant. Ses états changent, et, sans changement d'état, il n'y a point de vie. En outre, comme tout ce qui vit est dans l'espace, en tant que les corps seuls vivent, et que tout changement dans l'espace s'appelle *mouvement*, il suit ceci : *sans mouvement, point de vie*. Mais, avec l'idée de mouvement, l'idée de la vie n'est nullement donnée. Car, quoique toute vie implique l'existence du mouvement, tout mouvement n'est point de la vie. Peut-être peut-on trouver toute espèce connue de mouvement dans ou sur un corps vivant quelconque, à un moment quelconque; mais il est permis de se demander si, dans tous les corps vivants, on découvre une sorte de mouvement qui ne se rencontre pas aussi au dehors d'eux?

D'après ce que nous apprend l'expérience, l'ensemble des mouvements, dans chaque corps vivant, est extrêmement complexe. Si l'on dit : la vie est un complexus particulier de mouvements extrêmement complexes, on énonce simplement un fait. En quoi consiste ce caractère particulier? Peut-on le faire dériver, comme une résultante, de la coexistence, dans toutes les unités vitales, des processus physico-chimiques qui ne manquent jamais? Ou bien y a-t-il un mode, ou une cause de mouvements primitifs, non réductibles à ces processus, et existant exclusivement chez les êtres vivants? Voilà sur quoi on peut disputer.

La nature propre du complexus de mouvements appelé vie, résulte de faits dont la physique et la chimie ne s'occupent pas, parce que, sans une transformation de leurs propres principes, elles ne sauraient les expliquer. Ces deux sciences, en effet, si l'on tient compte de leurs limites, ne s'occupent que des propriétés physiques et chimiques des corps; or, les phénomènes psychiques et évolutifs ne sont point de ce domaine. Ils ne sont, ni les uns ni les autres, objet des sciences physiques et chimiques : ils sont l'objet de la physiologie.

Néanmoins, la physiologie ne peut espérer de nous rendre intelligibles les phénomènes psychiques et évolutifs, comme ces mouvements sur lesquels reposent les phénomènes vitaux, si elle ne s'en tient sévèrement aux méthodes de la physique et de la chimie. Ces méthodes sont les seules, en effet, qui aient jusqu'ici fait leurs preuves. Les forces avec lesquelles opèrent la physique et la chimie, sont les mêmes que celles avec lesquelles opère la physiologie; là où ces sciences deviennent insuffisantes, la méthode d'investigation demeure la même, parce qu'elle est la méthode rationnelle. Mais il n'est pas nécessaire d'interrompre l'étude des phénomènes de la vie, lorsque les hypothèses actuelles de la physique et de la chimie ne sont plus trouvées vraies, comme il semble bien que ce soit le cas à l'apparition des processus psychiques de l'embryon dans l'œuf couvé. C'est ici précisément que se montre clairement le caractère propre et particulier de la physiologie, laquelle nous pousse à *modifier le concept traditionnel de matière*. Car ni la physique moléculaire, ni la chimie synthétique, quelques progrès qu'elles fassent, ne sauraient théoriquement, et, à plus forte raison, dans la pratique, recomposer un œuf avec les molécules physiques et les éléments chimiques dans lesquels on le décompose, de manière que cet œuf, après avoir été échauffé dans l'air, se transforme en un animal doué de propriétés psychiques, capable de produire, à son tour, un pareil œuf. Ces sciences ne le peuvent pas, parce que dans une synthèse artificielle l'hérédité se perdrait.

Ce fait d'observation vulgaire, — que ce qui vit et est apte à vivre est exclusivement produit par l'intermédiaire de ce qui vit, et que les propriétés psychiques dérivent d'une manière non moins exclusive de ce qui possède des propriétés psychiques, — ce fait est caractéristique pour le complexus de mouvements qu'on appelle *vie* et qui est synonyme de l'*ensemble des fonctions physiologiques*. Désormais, dans une définition du concept de vie, ce caractère doit être compris.

Les conditions de la vie.

Les conditions nécessaires à l'entretien de la vie de tous les corps vivants qui peuplent la terre, sont en partie extérieures, en partie intérieures. Les premières doivent exister dans le milieu où se trouvent les corps vivants, les secondes dans les corps vivants eux-mêmes. Les unes et les autres sont immédiates ou médiates.

Les conditions *externes* immédiates de la vie ne peuvent manquer sans qu'aussitôt, ou après un court espace de temps, en rapport avec la durée moyenne de la vie, la vie ne s'éteigne; les conditions externes médiates sont nécessaires à l'entretien de la vie dans son intégrité : leur défaut a pour conséquence un trouble partiel des phénomènes de la vie, non un arrêt complet de ces phénomènes. Les conditions *internes* immédiates de la vie sont une certaine structure, une certaine composition chimique et certaines forces : si elles manquent, la vie cesse. Quant aux conditions internes médiates, c'est l'intégrité du corps vivant : celle-ci peut bien être troublée jusqu'à un certain degré sans que la vie finisse, mais non sans que la vie soit plus ou moins atteinte et compromise.

Quelque claires que soient ces définitions, quelque facile qu'il soit d'apporter quelque fait à l'appui de chacune de ces quatre classes de conditions, une énumération complète de toutes les conditions externes et internes, même pour un seul corps vivant, voire pour une seule de ses manifestations vitales, ne pourrait être donnée que par une physiologie d'une idéale perfection. En effet, si toutes les conditions de la vie étaient exactement connues, le conditionné, c'est-à-dire la vie, serait connu avec la même exactitude, reconnu comme la conséquence nécessaire de ces conditions, et, par conséquent, serait de tous points intelligible.

La physiologie doit partir du principe de la pleine intelligibilité de la vie. Car si elle ne le faisait pas, il lui incomberait de fixer les limites qui sépareraient l'inintelligible compréhensible de l'inintelligible incompréhensible, ce qui est impossible, parce qu'on ne saurait dire expressément de phénomènes vitaux incompréhensibles aujourd'hui, s'ils deviendront ou non compréhensibles. Ainsi, la physiologie se propose de découvrir toutes les conditions de la vie et, au lieu de pouvoir commencer par l'énumération de ces conditions, elle finit par là. Mais il revient à la physiologie générale d'indiquer à grands traits la nature de ces conditions qui appartiennent sans exception à *tous* les corps vivants. Si l'on songe à la grande variété de ces derniers, le nombre de ces conditions ne peut qu'être petit.

C'est sur les conditions externes les plus générales de la vie, qu'on peut dire le plus facilement quelque chose de précis. L'expérience, en effet, nous enseigne que la vie ne se rencontre et n'est possible que là où certains gaz, de l'eau et certaines combinaisons chimiques fixes, existent en qualité et quantité telles qu'ils puissent être absorbés par les corps vivants, soit d'une manière ininterrompue, soit avec de courts intervalles.

Les gaz sont contenus dans l'air atmosphérique qui environne le globe terrestre sur tous les points de sa surface, à plusieurs lieues de hauteur. Mais on ne peut prouver la nécessité absolue, pour tous les êtres vivants, ni de l'oxygène, ni de l'acide carbonique, ni de l'azote. On ne saurait attribuer non plus une valeur tout à fait générale au principe que l'oxygène, soit à l'état gazeux, soit dissous dans l'eau, en tout cas à l'état de liberté, est indispensable à la vie de tous les corps vivants sans exception, comme c'est réellement le cas pour tous les êtres supérieurs. Des recherches instituées sur les gaz nécessaires à l'entretien de certaines fermentations, on a conclu que certains corps vivants inférieurs, — les *anaérobies* — non seulement vivent sans aucune trace d'oxygène libre, mais sont tués par ce gaz, tandis qu'au contraire tous les autres corps vivants, — les *aérobies* — cessent de vivre dès qu'on les prive d'oxygène.

Jusqu'ici l'existence d'êtres anaérobies ne peut être contestée. Plusieurs recherches faites à ce sujet par de bons observateurs y sont favorables. Mais d'autres permettent de douter que l'oxygène soit absolument absent des liquides en expérience, et appuient l'opinion que ce serait seulement l'*excès d'oxygène* qui serait dangereux pour la vie des bactéries ; que l'arrivée de ce gaz doit être restreinte dans d'étroites limites, mais que, dans les liquides en voie de décomposition putride, le défaut complet d'oxygène amène une suspension complète de la putréfaction, parce que les êtres organisés qui sont les agents de la putréfaction, et leurs prétendus germes, meurent alors irrévocablement. Les tissus du corps des animaux supérieurs eux-mêmes peuvent aussi perdre leur activité vitale sous l'action du gaz oxygène. Si grandes sont les contradictions, qu'on aura tout d'abord à examiner l'hypothèse suivante, savoir, si dans toutes les expériences où manque, à ce qu'on prétend, « toute trace de gaz oxygène », il ne s'en trouve pourtant pas de petites quantités. Si cette expérience critique démontre l'absence complète d'oxygène dans les liquides qui contiennent des corps vivants, il y aura à examiner si, par un processus quelconque qui est à découvrir, l'oxygène n'y devient pas libre dans la mesure où il a été consommé par ces processus vitaux. Quoi qu'il en soit, et provisoirement, il n'est pas possible de répondre par une affirmation sans réserve à cette question : le gaz oxygène à l'état de liberté est-il absolument, et sans exception, nécessaire à la vie ?

L'acide carbonique de l'air est démonstrativement irremplaçable pour l'entretien d'un grand nombre de corps vivants, notamment de la plupart des végétaux. Pour les animaux supérieurs, la présence de ce gaz dans le milieu ambiant n'est pas seulement superflue, elle est dangereuse lorsque sa quantité augmente. Ainsi ce gaz ne peut non plus être considéré comme indispensable à tout ce qui vit.

Le gaz azote en liberté ne fait défaut nulle part dans la nature, à la vérité, là où la vie existe, mais il peut être artificiellement remplacé par d'autres gaz, tels que l'oxygène et l'hydrogène dans l'air, sans que toute vie cesse dans un mélange de gaz d'où l'azote est absent. Ainsi l'azote n'est pas non plus indispensable à la vie.

On peut donc dire que seule, la présence de gaz (de l'air atmosphérique) est nécessaire pour que les processus vitaux aient leur cours. Dans l'eau qui ne contient aucun gaz il n'y a point de vie. Mais il n'est pas un seul gaz reconnu sûrement nécessaire à toute vie sans exception. Tout ce qu'il est permis de dire est ceci : *Sans air, point de vie.* Tout ce qui vit respire.

La seconde condition, l'existence de l'eau sous forme liquide à proximité des corps vivants, est généralement admise. Si quelque corps vivant, si petit qu'il soit, manifestant une vie propre, est placé dans un milieu absolument sec, sur de la terre sèche, dans de l'air sec, la vie s'éteint dans le temps le plus court. Sur ce point, l'unanimité est complète. *Sans eau, point de vie.* Tout ce qui vit est humide.

La troisième condition, l'existence de certaines combinaisons chimiques stables, soit à l'état de dissolution, soit à l'état solide, dans le milieu accessible au corps vivant, est de même généralement admise. Mais quelles combinaisons chimiques sont nécessaires, indispensables à l'existence de tous les corps vivants, c'est ce qu'on ne saurait dire encore. Il est même douteux que, dans ce mélange de combinaisons chimiques qu'on appelle *aliment* physiologique, il y ait une seule combinaison, si simple qu'elle soit, qui doive se trouver nécessairement dans la nourriture de tous les corps vivants pour que leur vie persiste et se maintienne. Beaucoup de plantes, à la vérité, peuvent vivre d'une vie normale, dans l'air et dans de l'eau, qui contient en dissolution des sels exactement connus, c'est-à-dire dans des fluides nutritifs artificiels, mais on se demande si, de ces combinaisons, il en est une qui doive, de toute nécessité, exister dans la nourriture des plus petits et des plus grands animaux, et si elle ne pourrait être remplacée par d'autres combinaisons. Les schizomycètes peuvent se développer et vivre longtemps dans des solutions aérées et aqueuses de sulfate de magnésium ou d'acétate de soude, quoiqu'on n'y trouve point de combinaisons de phosphore et de fer, lesquelles autrement doivent exister dans la nourriture des plantes. La nourriture des animaux doit renfermer sans exception des produits plus complexes de l'activité vitale des végétaux ou des animaux, produits dont la plupart des plantes n'ont aucun besoin. En outre, elle doit contenir des sels. Mais de pas un seul de ces sels on ne saurait affirmer qu'il existe dans toute nourriture animale. Qu'elle doit contenir des sels, c'est tout ce qu'on peut soutenir ; ces sels sont des substances nutritives, comme ces autres combinaisons chimiques ; ces substances, on doit les considérer comme une condition générale de la vie. *Sans nourriture, point de vie.* Tout ce qui vit se nourrit.

La détermination générale des conditions immédiates externes de la vie n'est pas achevée lorsqu'on a établi le caractère de nécessité de ces trois choses, l'air, l'eau, la nourriture : à ces conditions matérielles s'ajoutent des conditions physiques

Qu'il soit atmosphérique, dissous dans l'eau ou condensé par la terre, l'air ne doit pas seulement, d'une manière générale, exister dans une certaine quantité : il doit se trouver disponible en grande quantité dans un petit espace, c'est-à-dire posséder une certaine tension. La pression de l'air peut sans doute varier beaucoup plus que ce n'est le cas dans la nature, sans amener la cessation de toute vie ; il est pourtant une limite inférieure, très différente pour les différents corps vivants, qu'elle ne doit pas franchir. Cette limite, exprimée en nombre, ne peut être indiquée pour tous les êtres vivants.

La plupart des végétaux, en effet, peuvent continuer à vivre sous une tension de gaz acide carbonique qui est funeste aux animaux, mais non point, comme ceux-ci, dans un milieu où cette tension serait nulle. D'autre part, la vie des plantes persiste longtemps encore sous une tension partielle très basse d'oxygène, fort inférieure au degré de dilatation ou de raréfaction de l'air supporté par les animaux. On peut dire seulement, en général, que les gaz nécessaires à l'existence, — oxygène, azote ou acide carbonique, — soit isolés, soit réunis, doivent posséder une limite inférieure de tension positive, dépendante à la fois du gaz et d'un individu vivant, et susceptible d'être exprimée en millimètres ou en centimètres d'une colonne de mercure. En même temps, les gaz ne doivent point dépasser une limite supérieure de pression, qui varie également avec l'individu vivant, le gaz et le mélange des gaz. Ici aussi il y a donc un nombre-limite qu'on ne saurait assigner d'une manière absolue pour tout être vivant; mais il est bien remarquable, qu'à une très haute pression aussi, le gaz oxygène pur est toxique ou au moins dangereux pour tous les corps vivants, même pour les plus petits.

Tout ce qui vit dépend de la pression de l'air, et les limites minima et maxima du baromètre sont toujours déterminables. Au contraire, les limites de la pression de l'eau compatibles avec les phénomènes de la vie n'ont pas encore été trouvées. Les plus grandes profondeurs de l'Océan contiennent des êtres vivants. Des sondages modernes, il ne résulte pas que, dans les plus grandes profondeurs accessibles à la sonde, la vie n'existe plus à partir d'un mille géographique. Le fait que les animaux marins ramenés par la drague de plusieurs milliers de mètres, arrivent crevés, à cause du rapide changement de pression, témoigne assez qu'ils s'étaient adaptés à cette énorme pression de l'eau des profondeurs pélagiques. L'innombrable multitude d'êtres qui vivent au fond des mers, et aux plus grandes profondeurs, sous une pression d'eau considérable, forme en tout cas le plus éclatant contraste avec l'absence de toute vie sous une pression d'air énormément élevée. Tandis que, dans le premier cas, sept cents atmosphères sont supportées, dans le second cas sept atmosphères suffisent pour mettre fin à toute activité vitale. Assurément il y a là une longue adaptation qui fait défaut ici.

Une autre condition fondamentale de la vie est la *chaleur*. Toute vie est comprise dans de très étroites limites de température. Le froid est aussi bien l'ennemi de la vie qu'une chaleur excessive, et aucune vie n'est capable de durer si la température se maintient partout, dans le milieu ambiant immédiat, au-dessous du point de congélation de l'eau. On peut bien comprendre qu'un animal arctique se maintienne longtemps en vie dans un air qui ait cette température, avec des aliments et une eau glacés ; mais, avec un refroidissement persistant de l'air bien au-dessous du point de glace, l'animal ne saurait se nourrir d'aliments offrant la rigidité des substances congelées ni de glace au lieu d'eau. Les plantes qui végètent sous la neige ont tout près de leur surface une température supérieure à zéro. La nécessité, pour l'entretien de la vie, de l'eau à l'état liquide, fait déjà voir que tous les corps vivants, capables de vivre dans la glace, doivent se trouver plongés dans un milieu d'une température plus élevée. Les plus grands froids observés jusqu'ici à la surface de la terre ne dépassent pas — 60° centigrade. Bien au-dessus de ce minimum de chaleur, les organismes les plus résistants sont déjà en danger de mort, si le froid persiste.

La limite supérieure de température n'est pas plus assignable que la limite inférieure pour tous les êtres vivants. Les différentes parties des corps vivants offrent une résistance très diverse aux températures élevées.' Cependant on peut admettre avec vraisemblance, pour tous les êtres qui vivent dans l'eau, que leur vie s'éteint avant que l'eau ait atteint + 60°. Il existe pour tous les corps vivants un degré de température qui leur convient mieux qu'aucun autre.

Si les vibrations caloriques diminuent de longueur d'onde, et croissent en vitesse, elle deviennent des vibrations lumineuses : ces vibrations sont également indispensables à la plupart des corps vivants. Toutes les plantes vertes ont besoin de *lumière* pour décomposer l'acide carbonique de l'air, et, si des ténèbres persistantes se produisaient tout à coup, la plupart des animaux mourraient bientôt, quand ce ne serait que parce qu'ils ne pourraient plus trouver leur chemin ni chercher la nourriture qui leur est nécessaire.

La vitalité.

Il existe un grand nombre d'êtres vivants fort variés, développés et non développés, dont les processus vitaux peuvent être suspendus de la manière la plus complète par la soustraction des conditions externes de la vie — sécheresse, froid, privation d'air et de nourriture — sans que ces êtres perdent leur vitalité ou capacité de vivre, puisqu'ils recommencent à vivre dès qu'il est satisfait à ces conditions de la vie. Cette révivification, qui se rencontre souvent dans la nature, s'appelle *anabiose*.

On l'observe, par exemple, chez des poissons et des grenouilles congelés lentement réchauffés, chez des rotifères, des tardigrades macrobiotes et des anguillules desséchés, ranimés par une humectation progressive. Mais il est très difficile de déterminer pour chaque cas le degré de vitalité. Si les essais de réviviscence échouent, il est pourtant possible qu'auparavant la vitalité ait existé. Du fait positif de l'anabiose suit la nécessité de distinguer rigoureusement le terme contradictoire de « vivant », à savoir, la négation «non vivant» ou «sans vie»,—du terme contraire « mort ». Si un corps vivant meurt, la machine vivante a subi un dommage irréparable : ce corps est sans vie (il ne fonctionne plus), et, en même temps, il est impropre à la vie (incapable de fonctionner), en propres termes, il est *mort*, comme un corps inorganique.

Mais, si un corps vivant cesse de vivre sans avoir subi de lésion irréparable, alors il est à la fois *sans vie* et *susceptible de vivre* : il est notamment apte à être révivifié (il est capable de fonctionner). On devrait appeler proprement ces êtres, *morts apparents.* Le mot peut aussi servir à désigner la diminution de l'ensemble des phénomènes de la vie sans l'extinction de celle-ci. Cette sorte de *mort apparente*, appelée à tort «vie latente», est bien nommée *vita minima*. C'est une vie *réelle*, *actuelle*, ou *cinétique*, mais seulement descendue au minimum ; elle correspond à la léthargie des animaux supérieurs et des plantes pendant le sommeil d'hiver ordinaire. Au contraire, la véritable mort apparente, état dans lequel ne se manifeste point le moindre mouvement vital, répond à la *vie potentielle* ou en puissance. Beaucoup d'animaux inférieurs se trouvent dans cet état durant le sommeil d'hiver et d'été, ainsi que tous les germes susceptibles de développement, mais n'ayant pas encore commencé à se développer : ils sont capables d'anabiose, et on peut les comparer à une horloge intacte qui, quoique montée, ne marche point, parce que le balancier n'oscille pas.

Tous les corps vivants ne sont pas capables d'être mis dans cet état, parce que, chez beaucoup d'entre eux, l'acte de soustraction des conditions externes immédiates de la vie en sup-

prime du même coup les conditions internes
immédiates, en causant des modifications de
structure ou des décompositions chimiques mortelles. L'anabiose ne peut non plus être indéfiniment répétée sur le même individu, parce que
chaque suppression d'une condition fondamentale
de la vie et chaque restitution de celle-ci ne
laissent point d'apporter à l'organisme des dommages qui, en s'accumulant, deviennent d'autant
plus préjudiciables que les essais de réviviscence ont été plus souvent tentés.

Plus l'absence complète de vie a duré (plus
de trente ans, on l'a prouvé, chez des animaux,
quinze cents ans, pour des semences végétales),
plus il faut de temps, en général, pour la réviviscence. Des rotifères complètement desséchés
peuvent sans périr être chauffés à une température bien supérieure au point d'ébullition de l'eau
et maintenus dans le vide ; des poissons et des
amphibies congelés peuvent être, également sans
périr, maintenus à une température fort inférieure au point de congélation de l'eau, pourvu
que le refroidissement et le réchauffement
consécutif aient lieu lentement, et pourtant point
trop lentement.

La *vitalité* des œufs végétaux et animaux
s'appelle *faculté germinative*.

Aux causes d'extinction de la faculté germinative et de la vitalité des êtres vivants en puissance, par conséquent réellement sans vie, après
une période de temps fini, appartiennent sur-

tout les modifications de cohésion et d'élasticité
des tissus, ainsi que la transformation de l'énergie potentielle en énergie cinétique, qui a lieu
aussi avec le temps chez les corps naturels inorganiques et pour les produits de l'art (détério-
ration, décomposition). Cette transformation
s'opère chez ces êtres, sans manifestation vitale,
d'une manière continue; subitement, dans la
déhiscence des parties qu'a pour effet la révivification.

Dès que l'anabiose a commencé, les deux
états d'activité et de repos alternent, comme
chez tous les êtres dont la vie est actuelle ou
en acte. La vie conserve ce caractère même
dans la période de repos. Par conséquent, il est
permis de distinguer les états organiques suivants :

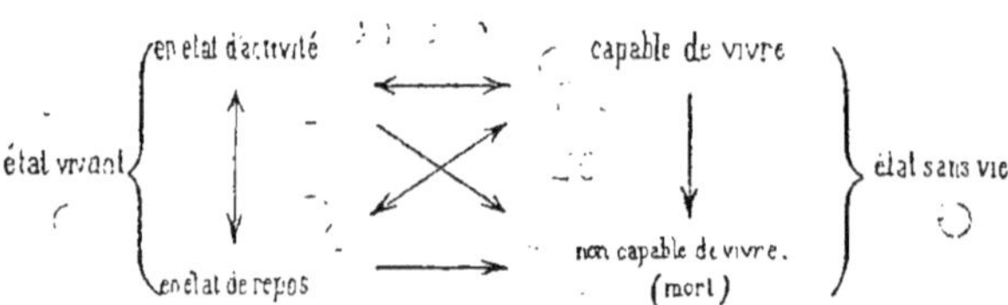

Un état ne peut se transformer en un autre
que dans les directions indiquées par les flèches.

Vivante et en état d'activité est, par exemple,
la fibre musculaire contractée, la fibre nerveuse
excitée chez l'animal vivant.

Vivante et à l'état de repos est, par exemple,
la fibre musculaire non contractée, la fibre nerveuse non excitée chez l'animal vivant. — Ce
repos est, comme partout et toujours, purement

relatif, attendu que, même dans les parties non excitées, dans le protoplasma vivant sans mouvement, des changements ne laissent pas de s'accomplir.

Sans vie et capable de vivre est, par exemple, l'œuf fécondé qui n'a subi aucune lésion, le poisson congelé qui se trouve dans les mêmes conditions d'intégrité, le radiolaire intact, desséché, refroidi dans le vide.

Sans vie, et incapable de vivre, est, par exemple, l'œuf non fécondé d'un vertébré, l'animal brûlé, le végétal pétrifié, l'acide carbonique.

Différences des êtres morts inorganiques
et des êtres vivants organiques.

Les nombreux efforts tentés pour découvrir une propriété physique, chimique ou morphologique qui convienne manifestement, toujours et à tous les êtres vivants, sans exception, et qui ne convienne jamais et à aucun être inorganique, c'est-à-dire incapable de vivre, sont restés vains. Une critique exacte des signes distinctifs qu'on énumère d'ordinaire à cet égard, conduit chaque fois à ce résultat négatif.

Pourtant la nouvelle doctrine de l'évolution nous fournit un caractère différentiel physiologique. Cette doctrine fait voir en effet que, dans tous les êtres vivants, aussi longtemps qu'ils vivent, et non plus longtemps, ont lieu sans interruption des néoformations (*Neubildungen*), un développement, une évolution continue de la matière vivante, qui font constamment défaut aux êtres inorganiques incapables de vivre, — processus qui reposent sur le fait de l'*hérédité*, et sont liés à la *continuité de la vie*.

Continuité de la vie.

Tous les êtres vivants naissent exclusivement d'êtres vivants. Chacun de ces êtres a des ancêtres, des parents qui lui sont semblables : c'est là un fait d'expérience.

Tous les corps inorganiques peuvent être obtenus de différente manière, ou naître de corps qui ne leur ressemblent pas : ils n'ont point d'ancêtres. Un cube de sel marin, par exemple, peut naître de l'union du chlore et du sodium, qui lui sont tout à fait dissemblables, ou par concentration d'une solution saline, qui ne lui ressemble pas, ou par l'action de l'acide chlorhydrique sur la soude, ou, par un grand nombre d'autres procédés, de corps qui n'ont avec lui aucune ressemblance morphologique.

Les idées de ressemblance (affinité, parenté) et de descendance sont liées ensemble, — et la loi de la continuité ou de la permanence de la vie, qui les renferme, est du même ordre que celle de la conservation de la force et que celle de la conservation de la matière. Cette loi doit donc être placée à côté de ces deux dernières, comme *loi de la conservation de la vie.*

La loi de la conservation de la force dit : là
où ne préexistait point de force, aucune force nouvelle ne peut naître.

La loi de la conservation de la matière dit :
là où ne préexistait point de matière, aucune
matière nouvelle ne peut apparaître.

La loi de la conservation de la vie dit : là où
ne préexistait point de vie, aucune vie nouvelle
ne peut être produite.

Il résulte déjà de ces propositions que la
question de l'origine de la vie ne saurait être
moins transcendante que la question de l'origine de la matière et de ses forces.

Touchant la matière et la force, on considère
comme un axiome qu'elles n'ont point d'origine,
qu'elles sont éternelles, parce qu'autrement la
matière et ses forces seraient nées de rien.

Mais, pour ce qui a trait à la vie, l'idée qu'elle
n'a pas eu de commencement n'est pas encore
généralement admise.

*Les hypothèses sur l'origine des premiers
êtres vivants.*

La question de l'origine de la vie (biogenèse)
va de pair avec celle de l'origine des premiers
corps vivants, parce que la vie est exclusivement attachée aux corps. Quant à la question
de l'origine des corps vivants actuels, c'est un
tout autre problème. On ne peut répondre à la
première question que par des spéculations,

parce que toute expérience sur les conditions des premières manifestations de la vie aux époques primordiales nous fait défaut. Au contraire, la seconde question relève de l'observation et de l'expérience, car de nouveaux corps vivants naissent constamment sous nos yeux et se développent.

A cette question : Comment les premiers corps vivants sont-ils apparus sur la terre? il y a deux réponses, l'une dogmatique, et l'autre hypothétique : le dogme de la génération spontanée et l'hypothèse cosmozoïque.

Inadmissibilité du dogme de la génération spontanée.

Le dogme de la génération spontanée — *generatio spontanea, originaria, æquivoca, primaria, primigena, primitiva, automatica,* ou autogonie, archigonie, archibiose, abiogenèse, hétérogenèse — soutient ceci : dans les premiers temps, la surface de la terre était trop chaude pour que la vie pût y apparaître; par conséquent, lorsque le refroidissement eut atteint un certain degré, des matières inorganiques, mortes, n'ayant pas en soi le pouvoir de vivre, se combinèrent synthétiquement, d'une façon inconnue, en êtres vivants, qui ensuite se développèrent en d'autres êtres : génération sans parents.

Cette croyance est en contradiction avec la loi de la conservation ou de la continuité de la vie, car cette continuité serait interrompue si une génération avait jamais eu lieu, quelque part, sans générations antérieures; cette croyance est donc, comme postulat absurde, exactement dans le même cas que la croyance au mouvement perpétuel en mécanique, croyance qui contredit la loi de la continuité de la force, ou encore que la croyance à la création de l'azote dans les végétaux, croyance non moins en contradiction avec l'axiome de la permanence de la matière. En outre, elle est directement en désaccord avec l'expérience qui, en dépit d'innombrables expériences et recherches, ne nous a jamais fait voir un être vivant qui n'ait pas eu de parents. Cependant on pourrait objecter que des résultats négatifs ne sauraient prouver l'impossibilité de la génération spontanée.

Il est donc fort important d'établir que, même au cas où une pareille expérience réussirait, elle ne nous apprendrait pourtant rien de positif au sujet de l'origine des premiers êtres vivants, parce que les ingrédients employés à cet effet, faciles à se corrompre, sont eux-mêmes empruntés aux êtres vivants. Ainsi on n'aurait point là la preuve d'une génération spontanée, obtenue sans l'intermédiaire d'aucune activité vitale. Qu'un simple mélange des éléments, ou d'acide carbonique, d'eau, d'air et de sels ne donne naissance à aucun protozoaire, à aucun protophyte, c'est ce qui est généralement reconnu. Personne ne songe à faire du feu avec de la cendre, de l'acide carbonique et d'autres produits de combustion, sans matériaux combustibles.

Les causes d'erreur des expériences qui prouveraient, à ce qu'on prétend, la génération spontanée, sont si nombreuses, qu'il est permis d'affirmer avec la plus entière certitude, que tous les résultats positifs de ces expériences ne s'expliquent que par les erreurs commises. Enfin, aussi sûrement que tous les organismes vivants doivent un jour cesser de vivre, ils sont tous nés. La probabilité de trouver un organisme qui ne soit pas né d'un autre organisme ou n'en descende pas, est précisément aussi petite que celle de découvrir un organisme dont la vie n'ait point de fin. En effet, le nombre de cas qui, par voie de généralisation inductive, nous conduit à la proposition incontestable que tout individu vivant mourra ou cessera d'être ce qu'il est, — ce nombre n'est pas plus grand que celui des cas qui nous force d'admettre, en vertu du même raisonnement inductif, que tout individu vivant a dû provenir d'un autre individu vivant.

L'hypothèse d'une génération spontanée est donc contraire à la raison pour les trois motifs suivants : 1° elle contredit les lois de la nature que nous connaissons ; 2° elle est en désaccord absolu avec les résultats de toutes nos observations et expériences ; 3° elle est aussi invraisemblable qu'un individu vivant dont la durée, comme telle, serait sans fin.

La réponse dogmatique d'après laquelle les

premiers êtres vivants seraient nés de la combinaison de particules inorganiques qui, prises en
soi, n'étaient point capables de vivre, est donc
aussi peu valable en physiologie que l'est le
dogme de la création. Dans le premier cas, on
postule qu'une vie nouvelle a dû d'elle-même
apparaître là où aucune vie n'existait auparavant ;
dans le second, que la vie a dû apparaître, en
vertu d'une intervention surnaturelle, là où aucune vie n'existait auparavant. Dans les deux
cas, la raison renonce à son droit de comprendre
l'origine de la vie.

Insuffisance de l'hypothèse des cosmozoaires.

Les microzoaires de l'univers, ou cosmozoaires,
sont de très petits corps aptes à vivre, développés et non développés, végétaux et animaux,
qui, d'après l'hypothèse, soit isolément, soit
transportés par des météorites, arriveraient d'un
corps céleste à un autre et s'y développeraient.
Selon cette hypothèse, avant la formation de
notre système planétaire, il aurait déjà existé,
dans les espaces cosmiques, des êtres capables
de vivre, semblables aux êtres que nous voyons
présentement, et qui, durant des millions d'années, auraient conservé dans les conditions les
plus défavorables leur aptitude à vivre. Hypothèse au plus haut point *invraisemblable.* En
outre, loin de recevoir une réponse, la question
de l'origine de la vie est reculée. Ajoutez qu'on

a bien trouvé, dans les météorites, des combinaisons où entre le carbone, mais aucun germe susceptible de vivre. On le voit, l'hypothèse cosmozoïque, sans qu'on puisse la réfuter comme inadmissible, doit être considérée comme insuffisante et comme insuffisamment établie.

Puisque la génération spontanée est en contradiction avec l'expérience et la logique, puisque l'hypothèse cosmozoïque n'apporte en réalité aucune réponse à la question de l'origne de la vie, et qu'une création de rien contredit également les lois de la conservation de la force et de la conservation de la matière, il suit qu'aucune de ces trois manières de voir ne saurait être acceptée.

. Mais, si la vie n'est point née, sur la terre privée de vie, de la synthèse de matières non aptes à vivre, comme le postule la génération spontanée ; si, comme le veulent l'hypothèse cosmozoïque et le dogme de la création, elle n'est point venue du dehors sur la terre, il ne reste qu'une chose possible, c'est que la vie n'ait point commencé du tout, et qu'on ait eu tort, par conséquent, de poser la question d'origine.

Cette question de l'origine première des corps vivants sur la terre suppose, en effet, que l'inorganique sans vie exista seul d'abord. Or cette supposition ne repose sur rien. Ce qu'il faut plutôt rechercher tout d'abord, c'est l'*origine de ce qui est mort*.

Origine de ce qui est mort.

Quelle est, quelle a été l'origine de l'inorganique? Ce qui est mort ne se rencontre présentement que là où il y a eu vie; ce n'est donc rien de primitif. L'idée de mort suppose et implique l'idée de ce qui a vécu; au contraire, l'idée de la vie ne suppose et n'implique point celle de ce qui a été ou est mort.

Les corps inorganiques proviennent aujourd'hui : 1° des corps vivants, comme résultat des processus vitaux dont ces corps sont le théâtre (des cadavres, excréments, coquilles, écailles, débris d'os, etc.); 2° de la décomposition des corps privés de vie et des corps vivants; 3° de la synthèse des corps non-vivants.

Les corps vivants sont, au contraire, produits uniquement par d'autres corps vivants, comme résultat des processus vitaux qui se manifestent en eux, et *vitalisent* l'inorganique. *Omne vivum e vivo.*

De ce qui aujourd'hui est inorganique, une très grande partie a eu manifestement pour origine les processus vitaux des corps vivants que nous connaissons qui ont péri. Combien la nature inorganique dépend de ces processus biologiques des plantes et des animaux, on le voit assez par ces couches zoogènes et phytogènes de l'écorce terrestre qui ont formé des montagnes entières, et qui à leur tour réagissent sur le

monde organique en le modifiant. Le reste de
la matière inorganique actuelle, dont l'origine
est pour nous un problème, peut avoir été produit par les processus vitaux d'êtres vivants qui
ont péri et qui nous sont inconnus. Durant le
refroidissement croissant de l'écorce terrestre,
ces êtres devinrent, par l'effet de l'adaptation,
de plus en plus semblables à cette matière d'où
sont sortis et d'où sortent par voie de développement les êtres vivants actuels, — à ce protoplasma qui ne supporte plus une température
élevée. De ces nombreux complexus vivants
des époques primordiales, auxquels tous les éléments ont participé, de ces êtres qui vécurent
alors à une très haute température, la plupart
durent passer à l'état de rigidité par le fait du
refroidissement. Le protoplasma actuel est ce
qui est resté comme combinaison propre à la
vie.

Le protoplasma existe toujours dans tout
corps vivant. Il caractérise ce qui vit par la capacité qu'il a de se développer. *Tout ce qui vit se
développe, tout ce qui est inorganique ne se développe pas.* Grâce à cette propriété du protoplasma, tout corps vivant manifeste pendant la
vie ces phénomènes de néoformations *(Neubildungen)*, d'évolution continue et de rénovation
moléculaire de la matière vivante dont nous avons
parlé, phénomènes qui comportent en même
temps l'existence de régressions. Dans chaque
être, aussi longtemps qu'il vit, ont lieu les chan-

gements et les transformations du protoplasma. Par là se trouve définitivement acquis un caractère différentiel qui permet de distinguer les corps naturels vivants et morts.

Du concept de la mort.

On appelle morts les corps qui ne sauraient accomplir aucune fonction physiologique.

La mort arrive par suite d'un dommage irréparable apporté aux conditions internes de la vie, c'est-à-dire à la structure ou à la composition chimique du complexus vivant.

Seuls les corps meurent, seuls les individus, non la matière, non la force, non les mouvements, non la vie. La terminaison de la vie des individus causée par cette lésion s'appelle « mort », et l'arrivée de cette terminaison s'appelle mourir. Les causes de mort sont de deux sortes : ou bien de petits dommages apportés à l'organisme s'accumulent peu à peu et conduisent à ce qu'on nomme la mort naturelle, ou bien de graves lésions font subitement sentir leur action et causent ce qu'on appelle la mort non naturelle.

La *mort partielle* se rapporte à l'extinction de quelques fonctions particulières, la *mort totale* à l'extinction de toutes les fonctions, c'est-à-dire de la vie. Les *signes de la mort* sont tous incertains. Une partie d'un animal ou d'un végétal sans vie peut être en voie de putréfaction, alors que le reste de l'organisme est encore susceptible, dans de certaines circonstances, d'être rappelé à la vie.

Si l'on tient compte de l'étonnante instabilité de composition chimique de toutes les formes vivantes, en regard de beaucoup de corps inorganiques, si remarquables par leur durée et leur stabilité, la persistance après la mort même d'un seul groupe d'atomes (considéré comme le fondement et la raison d'être d'une immortalité individuelle,) paraît invraisemblable.

Les organismes sont tous mortels ; mais, grâce à la propagation par voie de génération (rajeunissement par voie de multiplication) et, dans l'humanité, grâce à la tradition, leurs œuvres acquièrent souvent une durée qui s'étend bien au-delà de la mort et dont la limite échappe à toute détermination.

Il n'existe pas encore d'exposé complet des phénomènes relatifs à la mort, de science de la mort, ou *thanatologie*, en harmonie avec les nouvelles conceptions de la nature, et conçue comme une partie essentielle de la physiologie générale.

La durée de la vie.

On nomme durée de la vie le temps qui s'écoule depuis la génération d'un corps vivant jusqu'à la fin de son existence individuelle. Cette durée varie considérablement suivant la nature héréditaire et le milieu : dans quelques cas, elle

ne comporte que quelques heures, voire quelques
minutes; dans d'autres, plusieurs milliers d'années. Toutefois, dans la durée limitée de l'existence individuelle, on ne saurait découvrir aucun
caractère différentiel de ce qui vit et de ce qui
est mort, attendu que les corps non-vivants ont
tous aussi un commencement et une fin dans le
temps. Toute machine ne demeure que pendant
un temps propre au travail; tout cristal a, comme
tel, une durée limitée. Mais, comme on n'a point
coutume de dire de la machine brisée et du
cristal dissous, qu'ils sont morts, on pourrait
trouver dans la mort elle même, comme terminaison de la vie des corps individuels, un
caractère distinctif de la vie. On pourrait dire :
« Il n'y a que ce qui est susceptible de mourir
qui vive. »

Pourtant la mort n'est point toujours la fin
de la vie : par exemple, lorsqu'une amibe,
son protoplasma étant complètement mélangé,
se divise en deux parties, qui continuent à vivre
comme deux jeunes amibes. Dans ce cas, la vie
de la mère a pris fin, et cependant elle n'est
pas morte. Donc la durée de la vie de l'individu
n'est point, d'une manière générale, limitée par la
mort, c'est-à-dire par une lésion incurable des
conditions internes de la vie. La durée de la vie
individuelle peut être aussi limitée par le contraire, par un état où ces conditions soient favo-
risées d'une façon si exubérante, qu'une division
spontanée du corps vivant ait lieu; il cesse alors

d'exister séparément, comme unité individuelle, pour continuer à vivre en deux individus nouveaux.

La durée de la vie rencontre une autre limitation, lorsque viennent à faire défaut les conditions externes immédiates de la vie, sans que l'aptitude à vivre ait subi aucune éclipse. Mais ici il suffit de rétablir ces conditions (anabiose) pour que la vie individuelle soit restituée telle qu'elle était avant la mort apparente, et, pour trouver dans ce cas la véritable durée de la vie, on n'a qu'à soustraire du temps écoulé depuis la naissance jusqu'à la fin définitive de la vie, la quantité de temps passé dans l'état de mort apparente sans la moindre manifestation vitale.

La prolongation de la vie s'obtient par la meilleure adaptation au milieu; la vie est abrégée, au contraire, par une adaptation mauvaise; celle-ci, chez l'homme seulement à la vérité, peut conduire au suicide. La prolongation et le raccourcissement de l'existence dépendent essentiellement de l'accomplissement suffisant ou insuffisant de toutes les conditions de la vie.

Les âges de la vie.

Tout être vivant, depuis le moment où il commence d'exister, parcourt un stade de développement progressif (ascendant, anaplastique) ou d'énergie croissante, et, si pendant cette période il ne termine pas son existence individuelle

actuelle soit par la mort, soit par segmentation,
— un second stade postérieur de développement
régressif (descendant, cataplastique) ou d'énergie
décroissante. La première partie de la vie correspond à la jeunesse (période embryonnaire,
période fétale, âges du nourrisson, de l'enfant,
de l'adolescent), la seconde à l'âge d'homme et à
la vieillesse. Entre les deux se place un état d'é-
quilibre dynamique, la maturité.

La durée des âges de la vie dépend des conditions externes et internes de l'existence. On
admet en général que le temps de la maturité et
de la vieillesse dure d'autant plus que le développement progressif a été plus lent. Cependant
l'influence des facteurs qui concourent à ce résultat est ici très complexe. C'est un fait que,
dès le commencement de la vie, des processus
cataplastiques ont lieu à côté des processus ana-
plastiques, et que, plus tard, à côté de ceux-ci,
ceux-là se produisent, de sorte que, à aucun
moment de la vie, le développement progressif
ne s'accomplit sans le processus antagoniste de
sa décadence, de l'évolution régressive.

La différenciation des cellules dans l'embryon
ne va pas sans la formation de produits excré-
mentiels, et, jusqu'au terme de la vie du cente-
naire, quelque rapide et profond que soit le déclin, la rénovation des corpuscules protoplasmatiques de la lymphe continue exactement comme
chez l'enfant, quoique d'une façon moins intense
et plus pauvre, en accord avec les processus ré-

gressifs de l'organisme. Le marasme qui survient dans la plus extrême vieillesse n'est pourtant point un phénomène physiologique nécessaire : il provient en dernière analyse de causes extérieures nuisibles, comme le desséchement d'un arbre.

Touchant le nombre des âges de l'homme, les manières de voir diffèrent, parce que les raisons décisives pour une division exacte à ce sujet font défaut. Entre le commencement (la conception) et la fin de la vie, la naissance forme le point critique ; aussi arrive-t-il souvent que le nouvel être n'y survit point, les modifications physiologiques qui se produisent alors étant dangereuses pour la vie. Les différentes périodes de la vie ne se distinguent pas les unes des autres aussi profondément, et bien moins encore d'une manière aussi précise que, par exemple, les états de larve, de nymphe et d'insecte parfait. Dans la vie humaine, le sevrage, la puberté, le premier accouchement, l'époque climatérique, la fin de la croissance, fournissent à la division des âges des éléments physiologiques. Mais, si l'on tient compte de l'étendue des oscillations individuelles, il reste bien du champ à l'arbitraire ; aussi, suivant les auteurs, distingue-t-on, deux, trois, quatre et cinq, six, sept, huit et neuf, voire dix et douze âges.

CHAPITRE II

DE LA MATIÈRE DES CORPS VIVANTS

Déterminer quelles substances entrent dans
la composition des corps vivants, en d'autres
termes, leur matière, est l'œuvre de la chimie,
non de la physiologie. Mais, tandis que la chimie,
qui s'occupe de la formation et de l'analyse des
substances et de leur synthèse en partant des
éléments irréductibles, indécomposables, étudie
avec le même intérêt les combinaisons et les
mélanges qu'elle réalise, que ce soient des produits d'origine animale, végétale ou minérale, il
est, pour la physiologie, du plus haut intérêt de
savoir si les combinaisons chimiques, présentées
par les corps vivants, existaient auparavant comme
telles dans ces corps, ou si elles n'ont apparu
qu'au cours de l'investigation chimique. En effet,
c'est seulement dans le premier cas que les résultats de l'analyse chimique des parties organiques
peuvent être utilisés par la physiologie. Ce

n'est que du moment qu'un élément chimique d'un corps vivant participe aux fonctions de ce corps qu'il intéresse la physiologie. Par conséquent, à propos de chaque substance, les physiologistes doivent examiner si elle existait déjà pendant la vie ou si elle n'est apparue qu'après la mort.

Les éléments organiques.

Les principes élémentaire *essentiels* des êtres vivants actuels, qu'il est toujours possible d'obtenir, ne fût-ce qu'à l'état de traces, de la plupart et sans doute de tous ces êtres, par la voie variée de l'analyse, sont :

le *carbone*	l'*azote* ou *nitrogène*	le *chlore*	le *calcium*
l'*oxygène*	le *soufre*	le *potassium* ou *kalium*	le *magnesium*
l'*hydrogène*	le *phosphore*	le *sodium* ou *natrium*	le *fer*

Vraisemblablement, le *silicium* et le *fluor* s'ajoutent à ces éléments.

De ces quatorze éléments organiques, on ne rencontre en général, dans les corps vivants, normalement, à l'état élémentaire libre, que l'oxygène et l'azote, l'hydrogène seulement quelquefois, le soufre chez les schizophytes, le carbone et le fer non normalement.

Quant aux éléments organiques *accessoires*, dont la présence ne peut être constatée que dans quelques corps vivants, en voici la liste :

L'*iode* et le *brome* chez les animaux marins et les plantes ;

Le *manganèse* dans les céréales, — par conséquent aussi dans le sang de l'homme — puis chez
des animaux marins de différentes espèces ;

Le *cuivre*, dont l'existence est constante dans
le sang des céphalopodes et dans les plumes de
l'*ictérus bananæ* ;

Le *lithium*, qu'on rencontre quelquefois dans la
plante du tabac, dans les plantes marines ;

Le *rubidium*, dans quelques plantes (café et
thé), et dans les coquilles marines ; le *cérium* se
rencontre aussi dans ces dernières (les huîtres) ;

Le *strontium*, constant chez quelques radiolaires océaniques (?) ;

Le *zinc*, constant chez quelques végétaux ;

L'*arsenic*, dans les tissus des arsénicophages ;

Le *cobalt*, le *nickel*, le *bore*, le *baryum*, dont
on découvre des traces dans les plantes marines ;

L'*aluminium*, constant dans les diverses espèces
de lycopode ;

L'*antimoine* ou *stibium*, le *plomb*, le *cerium*,
le *chrome*, l'*or*, le *platine*, le *mercure*, l'*argent*, le
bismuth, l'*étain* ou *stannum*, entrent dans le corps
sous la forme de médicaments. Mais il n'y a point
de doute que tous les autres éléments chimiques
ne puissent être introduits, sous forme de combinaisons appropriées, dans les organismes supérieurs, de manière que, après une administration
souvent répétée, il soit possible d'en déceler la
présence en petites quantités dans les sécrétions
et dans quelques organes. Leur présence dans
l'organisme a aussi peu d'importance physiolo-

gique que les éléments étrangers qui se trouvent avoir pénétré dans le corps des plantes et des animaux, par suite du voisinage de certaines localités, du voisinage des fonderies de zinc, par exemple.

Le peu qu'on sait jusqu'ici de la présence constante d'un certain nombre d'éléments *accessoires* (cuivre, manganèse, strontium, aluminium) dans les parties qui sont toujours les mêmes de quelques espèces animales et végétales, révèle une activité chimique élective bien remarquable, au point de vue physiologique, des tissus et, chez les radiolaires unicellulaires, du protoplasma. Ainsi, que des animaux marins, tels que la pinne, emmagasinent précisément du manganèse (dans leur organe de Bojanus), mais non le fer, qui accompagne presque toujours le manganèse, voilà qui semble paradoxal. L'idée qu'il s'agit peut-être ici d'un fait d'hérédité, remontant à une époque où d'autres éléments que les douze ou quatorze actuels faisaient partie des éléments organiques, n'est pas de nature à nous satisfaire, si l'on songe en outre à la grande quantité de cuivre de la turacine qui existe dans les plumes rouges des touracos (1), que déjà la pluie décolore.

Il demeure toujours possible que, chez les corps vivants inconnus qui n'ont pu exister, avant la formation du protoplasma actuel, que grâce à la haute température de la surface de la terre,

(1) Ce pigment contient 5, 9 0/0 de cuivre. (*Note du traducteur.*)

tous les autres éléments, même les métaux les moins fusibles, appartenaient aux éléments *essentiels* de ces êtres.

Dans la réponse à cette question : « Comment se fait-il qu'on ne peut extraire des corps vivants que précisément les douze ou quatorze éléments énumérés ci-dessus, c'est-à-dire la cinquième partie des corps simples chimiques connus? » il convient de prendre en considération l'ensemble des propriétés des quatorze éléments organiques. En particulier, le grand nombre de leurs combinaisons, leur poids atomique relativement faible, leurs poids spécifiques, et la manière dont ils s'associent ensemble pour se combiner, ainsi que l'instabilité de ces combinaisons, voilà autant de caractères propres aux éléments organiques.

De tous les éléments connus, le carbone est le plus difficilement fusible et le moins volatil; l'azote, l'oxygène et l'hydrogène se laissent très difficilement condenser en liquides; le phosphore, le potassium et le sodium se combinent avec une facilité remarquable avec l'oxygène, le chlore avec l'hydrogène. Le soufre, le calcium, le magnésium et le fer appartiennent aux éléments les plus répandus de la nature. En général, il est très digne de remarque que les pierres et les roches les plus fréquentes, les minéraux qui s'y trouvent, sont des combinaisons de silicium (quartz), de calcium (pierre calcaire), de magnésium (talc), d'hydrogène (glace), de potassium et de sodium (silicate), de chlore (sel gemme), de soufre (gypse), de carbone (houille), de fer (minerais), d'aluminium (argile) et d'oxygène. Ainsi, à l'exception de l'aluminium, les éléments minéraux les plus répandus sont en même temps les éléments organiques les plus répandus. Ce fait permet d'admirer d'autant plus la merveilleuse variété des corps vivants et celle de leurs métamorphoses. Toute la vie des plantes et des animaux est liée en somme aux combinaisons d'une douzaine environ des mêmes éléments qui, à l'état de roches et de cristaux et, dans la mer, à l'état de cristaux plus simples, mais combinés aussi entre eux de la même manière (dans l'eau, dans le chlorure de sodium), constituent la partie essentielle de l'écorce terrestre.

Modes de combinaison des éléments organiques dans les corps vivants.

Les combinaisons *binaires* ne sont pas nombreuses. Exemples : eau, chlorures alcalins, fluorures de calcium, gaz des marais, acide chlorhydrique.

Les combinaisons *ternaires* sont très nombreuses. Exemples : graisses, hydrates de carbone, acides lactiques, acides gras, sulfates alcalins, hydrate de l'acide carbonique, carbonates alcalins et terreux, triphosphates.

Les combinaisons *quaternaires* sont également très nombreuses. Exemples : urée, acide urique, savons, lactates, monophosphates et diphosphates.

Les combinaisons *quinaires*, telles que taurine, urate, lécithine, sont nombreuses, et, si l'on fait valoir comme combinaisons chimiques les albumines et les autres substances analogues aussi instables, de la plus grande variété.

Les combinaisons *senaires*, ou composées de six éléments (tel que le taurocholate de soude), sont également représentées dans les corps vivants, et même dans tous, si l'on considère comme des combinaisons les albuminates alcalins.

Les hémoglobinates du sang rouge sont composés de sept éléments (combinaison *septénaire*) : C, H, A, O, S, Fe, Ca.

Si les quatorze éléments organiques essentiels forment les angles d'un polygone à quatorze angles, en reliant entre eux, par des lignes droites, ces quatorze points, on verra en quelle combinaison élémentaire chaque élément se présente dans les êtres vivants.

L'*oxygène* entre dans la plupart, et de beaucoup, des combinaisons, et avec tous les autres éléments, à l'exception du chlore et du fluor.

Toutes les combinaisons du *carbone*, chez les êtres vivants, à l'exception de quelques-unes qui n'ont qu'une importance physiologique subordonnée (alcali sulfocyanique, gaz des marais, indol), contiennent de l'oxygène et de l'hydrogène, beaucoup de l'azote, du soufre, du phosphore, du sodium, du potassium, du calcium, du magnésium, du fer. La présence du chlore dans les combinaisons du carbone n'a pas encore été démontrée.

La plupart, et de beaucoup, des combinaisons de l'*hydrogène* contiennent du carbone et de l'oxygène, mais l'eau occupe ici le premier rang au point de vue de la quantité. L'hydrogène se trouve combiné chimiquement, chez les êtres vivants, avec tous les autres éléments, hormis avec le fluor.

Les combinaisons de l'*azote*, à l'exception d'un très petit nombre, contiennent du carbone, de l'hydrogène et de l'oxygène; beaucoup renferment du soufre, du phosphore, du potassium, de la soude, du fer, un petit nombre du calcium et du magnésium.

Les combinaisons du *soufre* ou bien contiennent du carbone, et alors elles sont très complexes, ou bien n'en contiennent pas, et alors elles renferment de l'oxygène et ne sont point complexes; seuls les sulfocyanides et l'acide sulfhydrique sont des combinaisons de soufre où n'entre point l'oxygène, mais elles ne se présentent pas d'une manière constante et n'ont que peu d'importance au point de vue physiologique. Le soufre se rencontre combiné chimiquement avec la plupart des autres éléments organiques. Les combinaisons du soufre avec le phosphore, le chlore, le fluor et le silicium n'ont pourtant pas encore été démontrées.

Les combinaisons du *phosphore* ou bien contiennent du carbone, et alors elles renferment aussi toujours de l'hydrogène, de l'azote et de l'oxygène, ou bien le carbone en est absent, et elles renferment alors constamment de l'oxygène. Le phosphore est très souvent combiné, dans les corps vivants, avec le sodium, le potassium, le calcium, le magnésium (phosphates); les combinaisons du phosphore avec le chlore, le soufre, le silicium et le fluor ne sont point démontrées.

Les combinaisons du *chlore* (chlorures) sont exemptes de carbone; point nombreuses, la plupart sont binaires; le chlorure d'ammonium, qu'on ne rencontre qu'en petite quantité, forme une combinaison ternaire. Dans les corps vivants, les combinaisons du chlore avec l'hydrogène, le sodium, le potassium, le calcium, le magnésium, l'azote, ont été démontrées, mais non celles du chlore avec le carbone, l'oxygène, le phosphore, le soufre, le fluor et le silicium. L'hémine, qui contient du chlore (c, h, a, o, Fe, Cl), n'appartient pas aux éléments normaux des corps vivants.

Les combinaisons du *fer* ne sont pas nombreuses, en partie très complexes, et renfermant du carbone (hémoglobine), en partie moins complexes, et alors, qu'elles contiennent ou non du carbone, elles renferment toujours de l'oxygène.

Les combinaisons du *sodium* sont en partie carbonées, en partie exemptes de carbone, et, malgré leur isomorphie avec les combinaisons du *potassium*, dont on peut d'ailleurs dire la même chose, elles laissent paraître d'importantes différences dans leur mode d'action physiologique (par exemple, en présence du tissu contractile embryonnal), de sorte qu'on doit conclure que leurs modes de combinaison chimique dans les corps vivants diffèrent.

Les combinaisons les plus répandues du *calcium* et du *magnesium* sont les phosphates et les carbonates; ils entrent encore tous les deux dans des combinaisans plus complexes avec des acides gras, des matières colorantes, etc., etc.

C'est une question de savoir si le *fluor* se rencontre dans une autre combinaison qu'avec le calcium; de même, si le *silicium* préexiste dans les combinaisons du carbone ou seulement dans les silicates.

Principes immédiats.

Il est difficile d'établir sûrement si une combinaison chimique, extraite des organismes vivants, s'y trouvait avant avec des caractères identiques. On ne donne le nom de *principes immédiats* qu'à des combinaisons de ce genre, dont la préexistence chez les êtres vivants est certaine. Les méthodes employées à la démonstration de ces dernières (notamment par le froid, l'examen optique des tissus vivants) sont encore imparfaites ou incomplètes; aussi le nombre des combinaisons reconnues comme préexistantes est-il relativement petit. Appartiennent à ces combinaisons, pour la plupart des êtres vivants : l'eau, l'acide

carbonique et les carbonates, les chlorures alcalins, les phosphates, les sulfates, les acides fixes,
les bases organiques, les alcools (les hydrates de
carbone surtout), et les éthers (notamment les
principes gras), enfin, les plus importants des principes immédiats de tous les êtres vivants, les albumines, qui, à chaque instant de leur vie, dans les
cellules vivantes, se trouvent à l'état de décomposition incessante.

Les *états d'agrégation* de ces principes immédiats et de beaucoup d'autres changent souvent
très vite : un principe gazeux se liquéfie, un principe liquide s'évapore ou se solidifie, un principe
solide entre en fusion ou se dissout. Des liquides
se forment, dont une partie est insoluble dans
l'autre, des émulsions, et les parties organiques
solides, s'unissant avec les liquides, qui pénètrent
entre leurs molécules, présentent les phénomènes
d'imbibition. Ces phénomènes n'autorisent pourtant pas à admettre l'existence d'un état d'agrégation à la fois solide et mou ou liquide. En pareils
cas, au contraire, une partie est solide, une autre
fluide ou molle.

La mobilité de ces états ne permet pas d'obtenir facilement à l'état de pureté les principes immédiats ; il est déjà souvent impossible de les
séparer de leurs véhicules. La décomposition chimique qui procède par l'incinération des tissus
desséchés y est le moins propre. Dans cette opé-
ration à l'air libre, il se forme, par exemple, des
sulfates, des phosphates, des carbonates, là où

aucune trace n'en existait auparavant, mais où existaient à leur place des mélanges d'albumines, de lécithines, et d'autres combinaisons sulfurées et phosphorées, dont le soufre, le phosphore, le carbone a été oxydé sous l'influence de la chaleur par l'oxygène atmosphérique, si bien que les acides correspondants ont alors été formés.

Pour ces motifs, il n'est point possible de composer, du point de vue bionomique, une simple liste des combinaisons chimiques présentées par les corps vivants, attendu que, dans de pareilles conditions, des substances biochimiques non essentielles, qui ne se rencontrent qu'en quantités minimes, ou seulement d'une façon tout à fait isolée, seraient considérées à l'égal de substances capitales; or, une juste appréciation de la composition chimique des êtres vivants exige avant tout que la préexistence dans l'organisme des substances qui sont propres à ces êtres soit démontrée. Au contraire, l'examen chimique le plus minutieux, la prise en considération complète de toutes les combinaisons chimiques qui s'accomplissent dans le jeu d'une fonction, sont indispensables dans la physiologie spéciale, parce qu'aucune fonction ne s'exerce sans changements chimiques.

Aussi bien un grand nombre, sinon la plupart des principes immédiats existent dans l'organisme en si petites quantités, qu'on ne réussit que dans des cas relativement peu nombreux à les obtenir à l'état de pureté et à les dégager

du mélange des *matières extractives,* c'est-à-dire
de ces substances qu'on tire, au moyen de différents dissolvants, des résidus d'humeurs, d'organes ou d'appareils organiques de plantes et
d'animaux. Il est certain que le plus grand nombre, et de beaucoup, des combinaisons chimiques des corps vivants sont encore inconnues :
leur découverte et leur examen est l'œuvre
principale de la biochimie. Chaque propriété de
ces combinaisons pourra alors acquérir de l'importance au point de vue physiologique. Ainsi,
pour ce qui est de la nature des principes immédiats, et en vue de l'utilité éventuelle que la physiologie pourra en retirer, il y a lieu de considérer les points suivants :

Nomenclature et bibliographie. Histoire de la
découverte de ces principes dans les corps vivants.

Constatation de la présence de ces substances
au dehors et à l'intérieur des corps vivants :
dans quelles parties ? en quels états ? où à l'état
gazeux, où à l'état liquide, où à l'état solide ?

Cristallogenèse, morphologie des cristaux,
pseudomorphoses et espèces particulières d'a-
morphie.

Poids spécifique ou densité. Porosité. Cohésion.
Extensibilité, flexibilité, souplesse, sécheresse
cassante, état de ce qui se fendille, se crevasse,
se rompt, dureté, solidité (résistance de traction,
de rupture, de pression, de torsion), élasticité.
Capacité de flotter et de couler à fond dans les
liquides, de surnager. Emulsivité.

Condensabilité, compressibilité, viscosité, liquéfaction.

Solubilité (de gaz en gaz, de gaz en liquides, de corps solides en liquides, de liquides en liquides). Faculté de dissolution.

Diffusivité, équivalent osmotique, filtrabilité, capillarité, adhérence (de corps solides à des corps solides, de liquides à des solides, de corps gazeux à des solides, de liquides et de liquides, de liquides et de gaz, de gaz et de gaz). Capacité d'imbibition, de condensation (de corps solides pour les gaz). Hygroscopie. Mode suivant lequel les substances se comportent dans un milieu sec, dans le vide.

Propriétés électriques : manière d'être des substances soumises à l'électrolyse. Pouvoir conducteur de l'électricité.

Paramagnétique ou diamagnétique ?

Propriétés optiques : couleur, éclat, réfringence, spectre. Pellucidité. Fluorescence. Phosphorescence.

Propriétés thermiques. Dilatation. Pouvoir conducteur de la chaleur. Diathermansie. Chaleur spécifique. Manière dont les substances se comportent sous l'influence de la chaleur (faculté de décomposition) et du refroidissement. Tension des vapeurs. Chaleur latente des vapeurs. Le point de fusion. Le point de congélation. Combustibilité. Combustion. Chaleur de combustion. Températures de dissolution. Coagulabilité. Explosibilité. Volatilité.

Composition chimique : qualitative, quantitative. Formule empirique. Eau de cristallisation. Poids des équivalents et poids moléculaire. Produits de décomposition. Combinaisons. Constitution chimique et formule rationnelle. Synthèse artificielle.

Examen portant sur les corps vivants : réactions macrochimiques et microchimiques. Goût. Odorat. Production en grande et petite quantité. Phénomènes de contact. Modifications des corps vivants après introduction de grandes quantités de principes immédiats. Origine de ces principes dans les organismes. Modifications des principes immédiats introduits dans les corps vivants et des principes immédiats nés au sein des organismes.

La considération attentive de chacun de ces points peut, pour l'un ou pour l'autre des principes immédiats d'un corps vivant, servir à éclaircir les phénomènes de la vie. La physiologie doit donc prendre connaissance d'eux tous.

Distribution des éléments organiques.

Dans chacune des parties de tout être vivant il se trouve de l'eau, et, d'une manière générale, il s'en trouve constamment plus que la moitié ; chez les animaux pélagiques (chez les méduses, par exemple) et chez beaucoup de végétaux, la proportion est de plus de quatre-vingt-dix pour cent. Régulièrement les parties molles des organismes perdent des deux tiers aux trois quarts de leur poids par la dessiccation ; beaucoup d'humeurs, de quatre cinquièmes à neuf dixièmes, et même au-delà de quatre-vingt-dix-huit pour cent.

Les parties solides (os, coquilles, carapaces, tissus de soutien, bois, etc.) sont partout et toujours relativement pauvres en eau : elles renferment des combinaisons de chaux, de talc, de silice, ou, comme dans les tissus chitineux, du carbone, de l'hydrogène, de l'oxygène et de l'azote en combinaisons peu solubles, et, dans le bois, du carbone, de l'hydrogène, de l'oxygène sous forme de cellulose et de xylogène insolubles.

Les humeurs de tous les animaux et la sève de tous les végétaux contiennent très vraisemblablement en dissolution du chlorure de potassium et de sodium, des phosphates, des carbonates, des albuminates et plusieurs autres carbures. Le fer se trouve normalement, aussi bien que le soufre, dans les cendres de presque tous les tissus animaux ou végétaux, et dans le sang des animaux supérieurs ; le phosphore en assez forte quantité aussi dans les tissus nerveux.

Les combinaisons du potassium se présentent d'ordinaire avec celles du sodium, les combinaisons du calcium avec celles du magnésium ; toutefois, dans l'un comme dans l'autre cas, les rapports de quantité varient beaucoup.

De tous les éléments, le plus répandu dans les corps animés comme dans la nature inanimée, l'oxygène, occupe sans conteste le premier rang, quant au poids, chez les êtres vivants.

Inadmissibilité de l'hypothèse d'une matière spéciale propre à la vie.

Comme la matière est la même chez les uns et les autres êtres, — chez ceux qui vivent et chez ceux qui ne vivent pas, — on doit éviter d'employer les expressions de « matière vivante » et de « matière organique ». En chimie, combinaisons organiques signifient combinaisons du carbone. Mais, physiologiquement, ces combinaisons sont aussi inorganiques, c'est-à-dire incapables, prises en soi, de vivre, que toute autre véritable combinaison chimique.

La vie consiste essentiellement dans une transformation de combinaisons chimiques complexes en combinaisons chimiques simples, et dans la composition de celles-là aux dépens de celles-ci, moyennant un échange de matières qui s'effectue dans deux directions opposées. Il n'existe aucune raison assignable pour laquelle, dans ces transformations chimiques, il ne devrait résulter qu'une seule combinaison stable, combinaison qu'il serait impossible de réaliser par une autre voie, alors surtout que plusieurs substances organiques ont déjà été créées par l'art du chimiste.

Encore moins admissible est l'hypothèse d'une *matière vitale élémentaire* entre tous les éléments organiques, matière qui ne se rencontrerait pas dans la nature inorganique. Car, en sa qualité d'élément, cette matière devrait être indestructible, partant, on devrait pouvoir la découvrir dans le cadavre ou dans le corps au moment de la mort et la retrouver dans le monde inorganique. Si l'on tentait de soutenir que cette substance vitale élémentaire s'évanouit avec l'extinction de la vie, on se mettrait en contradiction avec la loi de la convention de la matière. L'application de cette loi physico-chimique aux processus physiologiques exige qu'aucun élément, par le fait des opérations chimiques de la vie, ne soit modifié ni quantitativement, ni qualitativement, en d'autres termes, qu'il ne subisse ni augmentation, ni diminution, ni la moindre modification de ses propriétés primitives. L'expérience est d'accord avec ce postulat, puisque les éléments chimiques qu'on tire des organismes sont identiques avec ceux qu'on tire des minéraux, et qu'il n'y a point par conséquent la moindre raison d'attribuer à ces éléments, engagés dans les combinaisons vitales, d'autres valences, d'autres poids atomiques ou moléculaires que ceux qu'ils ont en dehors des êtres vivants.

Aussi peu justifiée que cette « matière vitale », ou que l'ylech (1), l'éther vital, le principe vital,

_____

(1) Mot inventé par Paracelse, pour désigner sa matière fondamentale primitive.

l'élixir de vie, — est la préférence accordée
sur tous les autres à un des éléments organiques
essentiels, considéré comme substance spécifique de la vie. L'oxygène n'est ni plus ni moins
une matière propre de la vie (gaz vital, air vital)
que le carbone, l'azote, l'hydrogène, etc. A ce
qu'on a appelé la théorie du carbone, théorie qui
voudrait ramener en dernière analyse toutes les
fonctions des êtres vivants aux propriétés des
combinaisons si nombreuses et si complexes du
carbone, il est permis d'opposer, avec la même
conséquence, une théorie de l'azote, une théorie
de l'oxygène, et ainsi de suite. En effet, là où la
vie doit se manifester ou, lorsqu'elle existe déjà,
persister, aucun élément organique essentiel ne
peut manquer. Tous les éléments organiques
essentiels sont des substances spécifiques de la
vie, parce que tous sont nécessaires à la vie.

Comme les combinaisons spéciales de ces éléments dans les corps vivants produisent d'autres
phénomènes que dans la nature inorganique, où
leurs combinaisons sont moins instables, il convient dès maintenant de rattacher ces phénomènes organiques (de développement, de fonctions psychiques) à la complexité et à l'instabilité du composé vivant le plus simple de tous,
du protoplasma.

En effet, si, dans le protoplasma de l'ovule, ou
même des êtres qui ne se multiplient que par
parthénogenèse, ne préexistait pas en puissance
la force ou disposition nécessaire au développe-

ment morphologique, fonctionnel et surtout psychique, il serait absolument impossible de comprendre d'où viendrait cette capacité d'évolution, laquelle n'est réductible ni aux propriétés physiques, ni aux propriétés chimiques des parties constituantes du protoplasma.

Le protoplasma.

Le *protoplasma*, ou le *sarcode*, est aussi désigné sous le nom de *substance contractile*. Le mot protoplasma, originairement propre aux végétaux, a pris peu à peu une telle extension qu'il induit souvent en erreur, parce qu'on désigne toujours, avec assez peu de critique, par la même expression de « protoplasma » (et aussi « plasma », « bioplasma »), des composés organiques à maints égards semblables, contractiles, plus ou moins différenciés (dans les cellules ganglionnaires, les fibres musculaires). Il sera utile, pour distinguer au moins le protoplasma animal du protoplasma végétal, de donner au premier le nom de *zooplasma*, au second celui de *phyto-plasma*.

Le protoplasma existe dans tous les corps vivants sans exception, et toute leur vie durant, vivant soit d'une vie actuelle (inclus dans des cellules, ou libre), soit d'une vie en puissance (dans les germes, les œufs, les embryons, mais aussi dans les organismes développés). Les essais tentés pour isoler en grandes quantités le protoplasma (des myxomycètes) sont restés jusqu'ici imparfaits ; aussi l'étude de ses propriétés vitales présente-t-elle des difficultés considérables. Il est constant que le protoplasma *desséché* (celui des rotifères, par exemple), soumis à une haute température (jusqu'à 140° C.) ou exposé dans le vide, ne perd pas nécessairement son aptitude à vivre ; quelques espèces de bacilles, après plus de sept heures de séjour dans de l'eau en ébullition, n'ont pas été tués. De même, le protoplasma de l'œuf conserve, dans l'œuf congelé (de poule, par exemple), sa faculté germinative. Tant qu'il existe en acte, le protoplasma est un liquide qui tient en suspension des particules solides ; il renferme très souvent aussi d'autres liquides contenus dans des vacuoles ou globules. On peut donc, d'une manière générale, appeler le protoplasma une *émulsion*. Mais il laisse paraître de très grandes différences de viscosité.

Parfois il est si liquide et contient si peu de corpuscules (microsomes), qu'il paraît presque homogène (hyaloplasma), comme une claire solution de sels incolores ; d'autres fois, il est visqueux, peu mobile, pâteux, et renferme alors beaucoup de particules solides dans une quantité relativement petite de liquide. Des vésicules gazeuses se montrent aussi dans le protoplasma, et, lorsqu'il se trouve dans un milieu sec, il dégage toujours de grandes quantités de vapeur d'eau. Par conséquent, la consistance du protoplasma dépend essentiellement de son entourage immédiat. Si l'évaporation est empêchée, le protoplasma sera naturellement plus fluide qu'après évaporation dans un milieu chaud et sec, ou dans des solutions concentrées qui lui enlèvent son eau par osmose. En outre, aussi longtemps qu'il vit, le protoplasma a la propriété d'être très gluant, de sorte qu'il demeure facilement agglutiné à d'autres corps, même dans l'eau. Il se laisse comprimer alors facilement (entre le porte-objet et la lamelle de verre); il est à un haut degré compressible et extensible. Il peut cependant, après une pression légère, revenir rapidement à sa forme première, grâce à son élasticité, qui, à la vérité, n'est pas grande, mais parfaite.

Le protoplasma de consistance épaisse a une grande capacité d'*imbibition*; il absorbe avec facilité des quantités considérables de liquide, s'en imbibe, gonfle et augmente beaucoup de volume. Son poids spécifique doit être plus grand que 1 et (au moins dans nombre de cas) plus petit que 1,030, parce que les leucocytes s'élèvent dans le sérum du sang, et tombent au fond dans les solutions salines très diluées. La nature changeante des corps contenus dans le protoplasma détermine cependant une modification correspondante de sa densité et de sa cohésion. Il est toutefois bien remarquable qu'alors même que des corps étrangers relativement très gros sont ainsi inclus dans le protoplasma, celui-ci ne peut être facilement dilacéré, et que, malgré sa mollesse, il est souvent difficile de diviser ses parties au moyen de sections. La capacité plus ou moins grande de déplacement des particules du protoplasma augmente et diminue avec la quantité de liquide qu'il contient. Tout protoplasma affecte de lui-même la forme sphérique lorsque, dans des liquides appropriés (eau de mer, eau douce, humeurs, etc.), il n'adhère pas à des corps solides.

Au point de vue de la *structure*, il est très difficile de décider si les réseaux et les filaments, qu'on n'aperçoit qu'à de forts grossissements, doivent être considérés comme l'expression d'une disposition permanente des particules du protoplasma (spongioplasma), ou s'ils ne se présentent que dans certains états. Quoi qu'il en soit, l'état de cette structure élémentaire est variable. On ne saurait toujours constater l'existence d'une différence entre l'extérieur et l'intérieur, différence qui pourrait conduire à la distinction d'un endoplasma et d'un ectoplasma ; le bord hyalin (l'ectoplasma) est au plus haut point variable. Il est également certain que les granulations du protoplasma peuvent se dissoudre en partie dans son liquide, que des noyaux s'y forment (du caryoplasma). Le protoplasma du noyau (nommé à tort nucléoplasma pour caryoplasma) diffère constamment de celui de la cellule (cytoplasma).

Il résulte déjà de ces faits, que le protoplasma

n'est pas une combinaison chimique : c'est un
mélange de combinaisons chimiques, solides et
fluides, très complexes, qui, pendant la vie, se
trouvent dans un état de décomposition et de
rénovation rapide et ininterrompue, de sorte
qu'il est difficile de démontrer la préexistence,
avec ses propriétés invariables, d'une seule des
combinaisons chimiques extraites du protoplasma.

Ce qui est certain, c'est que, dans tout protoplasma, préexistent toujours de l'eau, des sels
(probablement toujours du chlorure de sodium
et du chlorure de potassium, des phosphates de
calcium, de magnésium, de sodium, de potassium)
de l'albumine, et, sans doute, très fréquemment,
des corps gras neutres et des hydrates de carbone. L'existence de pigments et de ferments
peut être aussi constatée. Parmi les produits de
décomposition, surtout dans la putréfaction, qui
apparaît très facilement là où s'amasse du protoplasma mort, il existe de nombreux acides et
dérivés ammoniacaux. Parmi les réactifs chimiques, applicables dans l'espèce, c'est à peine si
l'on peut signaler un réactif macrochimique :
tous tuent rapidement le protoplasma. La réaction xanthoprotéique microchimique démontre
la présence des matières albuminoïdes. L'imbibition du protoplasma par des liquides colorés a
lieu pendant la vie d'une autre manière qu'après
la mort du protoplasma. On a donné le nom de
chromatoplasma au protoplasma qui se colore
facilement. La coloration du protoplasma vivant,

notamment la formation du protoplasma vert des
plantes et de quelques animaux, est liée en tout
cas à des modifications profondes de cette substance, de sorte qu'on peut déjà considérer les
granulations de la chlorophylle comme des produits de différenciation, tandis que la coloration
du protoplasma mort avec du carmin, etc., représente un processus plus simple.

En général, l'état chimique et physique du
protoplasma vivant diffère essentiellement de
celui du protoplasma mort. La combustion pra-
tiquée selon les méthodes de l'analyse organique
élémentaire ne pourrait donc rien nous appren-
dre (alors même que des quantités suffisantes à
cet effet pourraient en être obtenues pures,) sur
la chimie du protoplasma ou sur la composition
de ses parties élémentaires ; elle pourrait seulement indiquer la composition élémentaire du
mélange tout entier constitué en proportions variables de carbone, d'hydrogène, d'azote, etc.
Le résultat de l'incinération ne montre sûrement, de son côté, que la présence des éléments
qu'on obtient d'ordinaire des corps vivants : il
ne fait point voir comme préexistante une combinaison quelconque. Il est toutefois presque
certain que, en dehors des éléments de l'air (azote
et oxygène), aucun élément normalement libre
ne se rencontre d'une manière constante dans le
protoplasma vivant. Parmi les autres éléments,
le soufre seul (en cristaux) a été observé chez quelques schizophytes, ce qui témoigne d'un pouvoir

énergique de réduction. Ceci est également prouvé par ailleurs, mais n'exclue pas, on le conçoit, une production de chaleur due à des phénomènes d'oxydation.

La propriété caractéristique du protoplasma, c'est sa *motilité*. Entre les nombreux phénomènes de mouvement du protoplasma, on distingue surtout les *courants* et les *changements de forme*.

Chez les rhizopodes et dans beaucoup de cellules végétales, ainsi que dans le mélange, non encore différencié, mais doué de motilité, de l'ovule, même des animaux supérieurs, on aperçoit des *courants de granulations*, c'est-à-dire des courants charriant des granules; ces courants sont reconnaissables dans les prolongements du sarcode par le mouvement de progression, dans les directions centripète ou centrifuge, de ces très petites particules. Les foraminifères, dont le corps tout entier n'est constitué que de sarcode, nous montrent ces courants aussi bien que les radiolaires avec leur capsule centrale interne. Ni les carapaces des foraminifères, criblées de fines ouvertures, ni celles des radiolaires, qui affectent des formes d'une symétrie géométrique si étonnante, n'amènent aucune différence physiologique dans la façon dont se comporte le sarcode quant à ces courants. Ceux-ci présentent la plus grande diversité, quant à leur direction, dans le plasma de beaucoup de cellules végétales et d'infusoires.

Mais, plus variés encore que ces courants, sont les mouvements, déterminant des *changements de forme*, qu'exécute le protoplasma, mouvements auxquels on donne communément le nom d'*amiboïdes*, parce qu'ils ont été d'abord observés sur les amibes, et que l'on rapporte à une contractilité particulière au protoplasma.

Si l'on considère le protoplasma au moment où il affecte une forme globulaire, on voit le mouvement amiboïde se manifester d'abord par une ou plusieurs petites élevures ou saillies qui augmentent au point de produire bientôt une véritable protubérance ; celle-ci grandit, et peut croître jusqu'à égaler plusieurs fois la longueur du diamètre de la sphérule protoplasmique ; elle devient de plus en plus ténue, et peut finir par ne plus permettre d'y distinguer qu'à peine les courants de granulations dont on vient de parler.

Ces prolongements, on les appelle pseudopodes : ils sont souvent fort nombreux ; souvent ils se retirent, se rétractent dans le corps protoplasmique avec rapidité. Il arrive que deux de ces prolongements se réunissent ou environnent un petit corps étranger qui adhère à leur surface visqueuse. De cette manière, beaucoup de particules nutritives solides pénètrent dans la masse du protoplasma ; là, elles sont ou assimilées, c'est-à-dire transformées en protoplasma, ou bien elles sont éliminées, comme excrétions, de la masse du protoplasma, ainsi qu'on peut surtout l'observer chez les myxomycètes. Par excrétion il ne faut pas entendre ici qu'après l'absorption de particules quelconques (gouttelettes de graisse, diatomées, etc.), les parties non assimilables sont aussitôt rejetées : elles demeurent souvent longtemps dans la substance protoplasmique. Mais le terme de la longue série de processus qui se succèdent dans l'assimilation et la désassimilation est l'élimination des corpuscules non assimilables ou desassimilés, bref, l'excrétion. Au contraire, le processus en vertu duquel se séparent les liquides des vacuoles, les particules solides et les gaz dans la masse du protoplasma, est comparable à un processus de sécrétion. Les granulations ou microsomes eux-mêmes, que charrient les courants du protoplasma, sont probablement en partie des restes de nourriture utilisée prêts à être éléminés, en partie de la nourriture non encore assimilée. Il est d'ailleurs beaucoup plus difficile de voir rejeter même de grosses particules, que d'observer l'absorption directe de corpuscules colorés, de gouttelettes de graisse, etc., ou la préhension de particules de matière solide en suspension dans le milieu ordinaire, au moyen des prolongements visqueux du protoplasma.

Une autre conséquence importante des mouvements amiboïdes est la *locomotion* des êtres protoplasmiques libres, par exemple des amibes, dans l'eau, des leucocytes (corpuscules incolores du sang, corpuscules de la lymphe), dans les tissus des animaux supérieurs. Qu'un long pseu-

dopode soit mis en extension, tout le protoplasma, comme on le voit souvent, peut couler
à l'extrémité de ce pseudopode, et il en résulte
un changement de lieu ; la répétition de ce processus suffit pour faire voyager le corps protoplasmique à de grandes distances. L'émigration
des corpuscules blancs du sang en dehors des
vaisseaux peut avoir lieu en quantité telle, qu'il
arrive que plusieurs millions d'entre eux concourent, dans les inflammations, à la formation
du pus. Les cellules migratrices du tissu conjonctif progressent aussi sans une cause ana-
logue d'une région à une autre de l'organisme.

Quoique ces contractions et expansions loco-
motrices aient lieu avec une vitesse inégale, mais
toujours petite, et, en apparence, tout à fait sans
but, on doit se demander si le choix d'un but
à atteindre, d'une fin à réaliser n'existe pas, et
cela pour beaucoup de protistes vivant en liberté,
lorsqu'on assiste, comme souvent, à un *changement de direction du mouvement*. D'une cellule d'algue incolore (sans chlorophylle), la vam-
pyrella se dirige vers une cellule verte et la suce,
à la lettre, au moyen de ses suçoirs, comme si
une volonté et une faculté étendue de discernement se manifestaient. En tous cas, on peut
déjà considérer comme un rudiment d'activité
des sens la sensibilité du protoplasma à la lumière et à l'absence d'oxygène. Avec un éclai-
rage d'intensité ou de qualité différentes, il est

loisible de se rendre compte que la locomotion du protoplasma n'est plus sans but.

On a observé aussi dans quelques cas une alternative rhythmique de repos et de mouvement, une encapsulation et une désencapsulation, qui semble susceptible d'être comparée au sommeil et à la veille. Toutefois chez les êtres protoplasmiques libres la forme sphérique ne correspond pas toujours à l'état de repos.

La *croissance* et la *division* du protoplasma vivant sont aussi du plus haut intérêt. Lorsque des corps étrangers ont pénétré dans le protoplasma, de la manière dont il a été dit, une partie de ces corps se transforme alors en éléments intégrants du protoplasma, de sorte qu'après le rejet des parties non solubles, la masse augmente de volume. Mais cette croissance atteint bientôt un terme, et alors a lieu la division de cette petite masse en deux parties. Ces deux fragments croissent à leur tour durant un certain temps pour se scinder de nouveau en deux parties. C'est ainsi que les amibes, lorsque les circonstances sont favorables, que la nourriture et l'espace sont en quantité suffisante, se multiplient en proportion géométrique. Il convient de remarquer ici d'une manière spéciale que les deux parties qui se sont divisées ne doivent pas être désignées l'une comme plus âgée, l'autre comme plus jeune, comme œuf, bourgeon ou germe, car au moment ou la scission s'accomplit, le mélange complet du protoplasma des deux parties est encore manifestement visible dans quelques cas, au moyen des ponts qui les relient. Ajoutez que si le protoplasma, par exemple des protamibes, a été artificiellement divisé avec un couteau, les fragments continuent de se mouvoir et de vivre précisément comme faisait le tout, et comme font les deux moitiés après la division naturelle.

C'est seulement de cette manière, grâce au processus de croissance et de scissiparité, qu'une perpétuelle *régénérescence* (Neubildung) du protoplasma peut avoir lieu, car il n'apparaît jamais de protoplasma vivant là où n'existait pas auparavant de protoplasma vivant. Dans le concept qu'on se forme de ce dernier, il ne faut pas seulement se représenter que, aussi longtemps qu'il vit, ont lieu dans le protoplasma des changements chimiques, mais aussi des mouvements moléculaires particuliers. Toutefois, précisémen, à cause des transformations chimiques, les molécules peuvent n'être pas de même nature. On appelle *tagmes*(1) (τάγματα) les très petites particules du protoplasma (conglomérats de molécules) qui manifestent encore des phénomènes vitaux, c'est-à-dire qui se meuvent. Les tagmes renferment des molécules chimiquement différentes. Les *inotagmes*(2) sont les parties des tagmes nécessaires pour la contractilité, mais qui, prises en soi, ne sont

(1) Tagmes du protoplasma, expression introduite par Pfeffer.

(2) Expression introduite par Engelmann.

plus susceptibles de vivre, éléments contractiles de nature hypothétique, constitués par des molécules.

Les expériences dans lesquelles on a fait agir l'électricité, la chaleur et les diverses actions chimiques et mécaniques, ne nous ont encore appris que peu de choses sur ces molécules, sur les rapports des inotagmes aux autres éléments des tagmes et, en général, sur la physiologie du protoplasma. Tous ces modificateurs peuvent tuer rapidement le protoplasma. Sous l'influence de l'élévation de la température, la coagulation commence bientôt ; tout protoplasma possède un degré minimum de température où les mouvements cessent, un degré favorable par excellence (optimum), où ces mouvements présentent le plus de vivacité sans perturbation consécutive, et un degré maximum, qui met fin immédiatement aux mouvements ; il n'est pas longtemps supporté et ne saurait être dépassé sans que la vie soit menacée. Si c'est le cas, les mouvements du protoplasma passent à l'état d'engourdissement, sous l'influence de la chaleur, et, si la température ne s'abaisse pas bientôt de nouveau, cet engourdissement devient rigidité de la mort. La soustraction d'air, l'évaporation de l'eau du protoplasma, l'élévation de la pression atmosphérique amènent l'immobilité du protoplasma à l'égal d'un grand nombre de poisons (par exemple, quinine, acide cyanhydrique, tous les acides et alcalis) faiblement concentrés.

Dans quelques cas, la lumière monochromatique exerce aussi une influence modificatrice sur la motilité du protoplasma.

Enfin, touchant la phosphorescence de certaines espèces de protoplasma, on sait qu'elle se produit seulement en présence de l'oxygène.

Diversité et variabilité des combinaisons chimiques dans les corps vivants hétérogènes.

Il n'y a point de doute que le petit nombre des combinaisons chimiques simples, préexistant chez *tous* les êtres vivants — telles que l'eau, l'acide carbonique, etc. — ne possèdent toujours les mêmes propriétés; même pour quelques substances plus complexes, telles que l'urée, le sucre de raisin, etc., il est certain qu'elles demeurent identiques à elles-mêmes dans les corps vivants où elles existent. Mais il n'est pas moins certain que très souvent des animaux et des plantes, apparentés d'assez près dans les classifications naturelles, donnent naissance à des combinaisons chimiques plus complexes, douées de propriétés essentiellement différentes. Déjà l'odeur spécifique des fleurs, l'odeur du sang, différent suivant les espèces animales, la formation d'alcaloïdes vénéneux (par exemple de la strychnine, de la curarine, de la morphine, etc.) dans certaines familles de plantes seulement, celle d'acide sulfurique libre chez certains mollusques seulement, — prouvent bien que le présence de combinaisons chimiques particulières est liée aussi intimement (héréditairement) à certains organismes que leurs propres formes.

C'est aussi un fait, — et qui constitue un important problème de chimie, — qu'une combinaison très complexe, la matière rouge colorante du sang, quoiqu'elle manifeste, chez tous les animaux où elle existe, les mêmes phénomènes essentiels, relativement à l'absorption de la lumière ; quoiqu'elle livre chez tous le même produit cristallisé de décomposition (l'hémine), et que, chez tous, elle se comporte de même en présence de l'oxygène, cristallise cependant d'une manière différente, et possède une solubilité, une coagulabilité et une dureté également différentes, selon l'espèce animale d'où provient le sang. Il y a donc des principes immédiats fonctionnellement identiques qui, chez les animaux les plus divers — vertébrés, gastéropodes, vers — possèdent des propriétés chimiques et physiques fondamentalement identiques, et qui diffèrent en d'autres propriétés, également fondamentales, suivant l'espèce au sens zoologique du mot.

Puisqu'il s'agit ici de propriétés héréditaires des animaux, si tous les vertébrés, par exemple, dérivent d'une espèce de vertébrés, qui ne pouvait posséder qu'une sorte de matière colorante du sang, il faut nécessairement qu'au cours de l'évolution phylogénétique des différentes espèces de vertébrés, une métamorphose chimique ait eu lieu à côté de l'évolution morphologique. On le voit, quelques principes immédiats non seulement diffèrent suivant l'espèce, mais ont varié avec le temps, c'est-à-dire au cours de l'évolution phylogénétique, et varié au même degré que les caractères spécifiques. Il en faut dire autant pour les végétaux, relativement à la cellulose, et sans doute à l'amidon et à la chlorophylle.

La physiologie doit donc, au sujet de certaines combinaisons fort complexes, auxquelles on n'accorde d'ordinaire que peu ou point d'attention dans les traités de chimie, examiner la possibilité d'une variabilité de ces combinaisons corrélativement à une modification morphologique, et rattacher la constance de ces mêmes combinaisons à l'hérédité des formes organiques.

Sources et provenances des éléments organiques.

Puisque toutes les plantes et tous les animaux sont composés des mêmes éléments, la nourriture de tous ces êtres, animaux et végétaux, doit renfermer les mêmes éléments. Mais les combinaisons chimiques de cette nourriture diffèrent en grande partie des principes immédiats des êtres vivants; aucun élément n'entre normalement, comme élément, dans la nourriture des plantes ou des animaux, mais bien à l'état de combinaison chimique fixe et définie.

Les plantes vertes empruntent le *carbone* à l'acide carbonique de l'air atmosphérique, qu'elles décomposent et réduisent au moyen de la chlorophylle, sous l'influence des rayons du soleil, c'est-à-dire de l'énergie actuelle des ondulations de l'éther — avec une exhalation corrélative d'oxygène. Ce processus, les botanistes ou phytophysiologistes l'appellent *assimilation*.

Les plantes empruntent également l'*oxygène* à l'air dans le processus de la *respiration*, qui conduit à la formation de l'acide carbonique ; mais l'oxygène nécessaire à la synthèse des principes immédiats, la plante l'absorbe surtout dans l'eau avec l'hydrogène.

L'*azote* est fourni aux plantes presque exclusivement par les nitrates — azotates de potasse et d'ammoniaque — vraisemblablement aussi, mais en quantité bien moindre, par l'azotate de soude.

. Les plantes tirent le *soufre* des sulfates de calcium, de magnésium, de potassium, de sodium, d'ammonium ; — le *phosphore* , des phosphates alcalins et terreux ; — le *chlore*, des chlorures alcalins ; — le *calcium*, le *magnésium*, le *potassium* et le *sodium* (celui-ci souvent en de très petites quantités seulement), des phosphates, sulfates, nitrates, carbonates et chlorures correspondants ; — le *fer*, enfin, vraisemblablement des carbonates et des phosphates de fer.

L'animal, au contraire, sans parler de l'eau qu'il absorbe, satisfait presque entièrement son besoin de carbone, d'azote, de soufre, d'hydrogène et d'oxygène par l'absorption des albumines, des hydrates de carbone et des graisses synthétiquement créés par les végétaux. Chez les animaux carnivores, la source de ces éléments est en somme le protoplasma végétal, avec ses productions chimiques, amidon, dextrine, sucre, graisse, et quelques combinaisons moins importantes. Son phosphore, son calcium et son magnésium, l'animal l'emprunte surtout, lui aussi, aux phosphates de calcium et de magnésium ; son potassium et son sodium, de même que son chlore, aux phosphates et aux chlorures de potassium et de sodium ; son fer, aux carbonates ou phosphates et à des combinaisons ferriques encore inconnues, dans les plantes. Chez les animaux qui ne se nourrissent pas exclusivement des parties des végétaux ou des produits élaborés par les végétaux, outre les sels inorganiques, et surtout chez ceux qui se nourrissent exclusivement de parties des animaux et de produits animaux (comme les œufs et le lait), le phosphore est absorbé sous une autre forme que dans les phosphates, ainsi que le fer, dans des combinaisons de nature plus complexe.

Mais, en résumé, presque toute la vie des animaux dépend de la vie des végétaux, attendu que les animaux ne sauraient emprunter les éléments nécessaires à leur vie aux combinaisons relativement simples qui suffisent aux plantes.

La plupart des animaux meurent rapidement de faim, les animaux supérieurs tous sans exception, si l'azote et le soufre leur sont fournis dans d'autres combinaisons que dans les albumines.

Il résulte de ce qui vient d'être dit que, en dernière analyse, les sources des éléments organiques de tous les corps vivants sont simplement celles-ci : acide carbonique et eau, puis les nitrates, phosphates, sulfates, chlorures de potassium et de sodium (et d'ammonium), de calcium et de magnésium, enfin des sels de fer solubles, des silicates dans la plupart des cas, et peut-être du fluorure de calcium. En fait, beaucoup de plantes peuvent très bien croître, avec un air contenant sa proportion ordinaire d'acide carbonique, dans des liquides qui ne renferment que les combinaisons suivantes : eau, azotate de potasse, chlorure de sodium, sulfate de calcium, sulfate de magnésium, phosphate de calcium, quelques traces d'une combinaison soluble de fer et d'un silicate.

Tous les éléments organiques essentiels sont ici représentés et combinés comme ils se rencontrent dans la nature, où se développent les végétaux.

Si l'on réfléchit à la complexité et au nombre vraiment extraordinaire des substances ou composés chimiques créés par les plantes qui croissent dans ce milieu liquide de matière nutritive, il semble actuellement impossible de comprendre comment toutes ces substances peuvent provenir de ce petit nombre de combinaisons relativement simples, comment, en particulier, le car-

bone de l'acide carbonique reparaît avec l'azote
des azotates et le soufre des sulfates, l'eau étant
présente, dans l'albumine du protaplasma. Qu'on
songe cependant que cette synthèse ne s'accomplit qu'à la condition que du protoplasma vivant
existe déjà auparavant.

Éléments chimiques anormaux des corps vivants.

Pour l'étude des échanges et de la circulation
de la matière dans les corps vivants, il est très
important de connaître les combinaisons chimiques anormales qui se rencontrent, en certaines circonstances particulières, chez les végétaux, les animaux et les hommes, parce que ces
combinaisons anormales aident à expliquer l'origine et la destruction des combinaisons normales.

Que, par l'effet de la maladie ou d'un artifice ex-
périmental, par l'ingestion dans l'organisme d'une
matière qui ne s'y trouve point d'ordinaire, ou
d'un poison, ou d'un médicament, il n'importe,
de nouvelles combinaisons se soient réalisées
dans un corps vivant, dans tous les cas la nature
des processus chimiques de celui-ci recevra une
lumière plus ou moins vive de l'étude de ces
combinaisons anormales. Cette méthode de biochimie devient infiniment plus facile s'il est possible de constater un rapport, un lien direct, entre
l'élément nouveau, anormal, et un élément introduit dans l'organisme. Par exemple, on reconnaît qu'après l'introduction d'acide benzoïque

dans l'économie, il existe dans l'urine de l'acide
hippurique. Cet acide provient-il directement de
l'acide benzoïque? ou bien l'acide benzoïque a-t-il
simplement été cause de la formation de l'acide
hippurique aux dépens d'autres matières? Le
fait que l'acide chlorobenzoïque produit de l'acide
chlorhippurique, l'acide nitrobenzoïque de l'a-
cide nitrohippurique, permet de répondre affir-
mativement à la première question. Les substances à introduire, d'où résultent dans l'économie des combinaisons anormales, peuvent ainsi,
par substitution, recevoir en quelque sorte une
marque authentique de leur provenance.

Certains principes anormaux, par exemple la
cystine de l'urine humaine, se montrent, durant
plusieurs générations, chez les individus de quelques familles, ce qui implique une anomalie héréditaire des opérations chimiques. Cette anomalie peut-être normale chez les animaux; c'est
le cas pour la cystinurie chez le porc.

Les principes chimiques anormaux introduits
dans l'organisme humain par les médicaments,
les narcotiques et les boissons alcooliques, sont
très nombreux; ils peuvent troubler gravement
le cours normal des fonctions. Par conséquent,
dans la plupart des expériences de physiologie
qui portent sur l'homme, il faut considérer si le
sujet, par l'usage habituel de la nicotine, de la
caféine, de la morphine, de l'alcool et de beaucoup d'autres poisons alimentaires, n'est pas déjà
un être anormal ou si — comme le nourrisson,

l'animal ou le végétal — il n'a pas encore été modifié, dans sa constitution propre, par ces agents.

Enfin, le physiologiste doit noter avec le plus grand soin les cas dans lesquels des combinaisons chimiques bien caractérisées, telles que les alcaloïdes, l'acide cyanhydrique, les acides gras, etc., sont exclusivement produites par certaines espèces de plantes et d'animaux, sans être ni anormales ni nuisibles pour ces êtres, alors qu'elles constituent pour d'autres êtres, non seulement des principes anormaux, mais des substances dont l'action est rapidement mortelle.

CHAPITRE III

MORPHOLOGIE DES ÊTRES VIVANTS

L'étude des formes des êtres vivants n'appartient pas à la physiologie : c'est l'objet de la morphologie organique.

Cette science constate et établit les analogies existant entre des formes vivantes dissemblables, les différences existant entre des formes vivantes analogues, afin de pouvoir, par la découverte des lois qui régissent la structure et la texture, le nombre et la grandeur, la situation et la place respectives de toutes les parties d'un corps vivant, à chaque instant de son développement, en expliquer l'organisation.

La morphologie (l'anatomie au sens le plus étendu du mot) procède d'après les principes de la méthode génétique et comparative, sans accorder d'attention, sinon incidemment, aux fonctions des parties qu'elle considère séparément. La physiologie, au contraire, dont l'objet est précisément l'étude des fonctions, dépend de la morphologie : elle doit connaître à fond tous les résultats de l'analyse morphologique, parce qu'il est impossible de comprendre la nature d'une fonction, si ce qui fonctionne n'est point morphologiquement connu.

Ce qui fonctionne, c'est-à-dire le substratum de la fonction, c'est l'*individu organique*, que font connaître l'observation et l'anatomie macroscopique et microscopique. S'il résulte de l'investigation physiologique qu'un individu, un élément morphologique ou un composé de ces éléments est sans fonction, les recherches doivent tendre alors à découvrir l'existence d'une fonction antérieure ou future. Mais tout d'abord il convient de définir l'idée de l'individu.

L'individualisation.

La vie est toujours et exclusivement attachée à des corps doués de parties mobiles. Ces corps sont ou des individus, ou des êtres non individualisés.

Un *individu* est un tout vivant dont les parties constituantes ne peuvent être divisées sans lésion essentielle, ou perte de ses fonctions physiologiques.

Le protoplasma n'est pas individualisé, puisqu'il peut être divisé en plusieurs fragments dont chacun continue à vivre et se comporte comme le tout primitif d'où il est issu. La perte de l'individualité éphémère ou de l'existence séparée de plusieurs individus protoplasmiques de ce genre, qui confluent ensemble pour former une sorte de syncytium, prouve la même chose. Mais, dès que l'individualisation a commencé, on peut alors distinguer des individus d'ordre inférieur et supérieur, et, d'une manière générale, d'un degré égal à 0 jusqu'à un cinquième degré, si l'on s'élève du protoplasma à l'organisme humain. On a ainsi :

0 degré : le *protoplasma*.

1ᵉʳ degré : la *cellule* (protoplasma et produits de différenciation cellulaire, tels que noyau, cils).

2ᵉ degré : le *tissu* (cellules et substance intercellulaire).

3ᵉ degré : l'*organe* (tissus de deux espèces au moins).

4ᵉ degré : l'*appareil organique* (organes de deux espèces au moins).

5ᵉ degré : l'*organisme* (appareils organiques de deux espèces au moins).

Si les composés d'unités vivantes s'individualisent encore à des degrés supérieurs à celui de l'organisme, le 6ᵉ degré est formé par le *couple* (deux organismes sexuellement différents), le 7ᵉ par la *famille* (le couple avec sa descendance), le 8ᵉ par l'*État* (cormus), constitué par les familles.

Une fonction capitale du couple est la reproduction, fonction qui est impossible si le couple est séparé : le couple a donc aussi une individualité. Les fonctions liées à la famille, telles que les soins et la nourriture des jeunes, souffrent de la séparation des membres de la famille. La fonction de l'État, à laquelle appartient la protection des familles, a également à souffrir de la division de l'État. Couples, familles et États sont donc bien des individus, d'après la définition, des individus du sixième, du septième et du huitième degré, auxquels tous les autres se subordonnent.

Exemples : soit la nature du degré $= n$, celui-ci sera $n = 0$ pour les fragments de protoplasma vivant divisés; $n = 1$ pour les cellules jeunes (protoplasma nucléé, nu, libre), pour le protoplasma sans noyau, pourvu de membrane, ou sans noyau et à cils, ou enfin pour le protoplasma nucléé et pourvu de membrane; $n = 2$ pour les tissus osseux, cartilagineux, nerveux; $n = 3$ pour les yeux, les poumons, les reins; $n = 4$ pour les appareils de la respiration et de la circulation; $n = 5$ pour le corps humain, le vertébré en général.

Les ovules primitifs sont le protoplasma (0), qui se transforme en la cellule ovulaire (1). L'œuf se segmente et devient tissu embryonnaire (2). De ce tissu sortent par différenciation les organes (3) de l'embryon, qui fonctionnent de concert dans les appareils (4). Deux ou plusieurs appareils organiques qui fonctionnent de concert forment un organisme (5).

Individus du premier degré : Les cellules.

Bien que l'origine de la cellule, la cytogenèse, qui coïncide avec la première individualisation du protoplasma, soit inconnue dans son essence, il ne peut y avoir aucun doute qu'elle n'a été possible que par des groupements des plus petites particules du protoplasma vivant. En vertu du processus cytogénétique, qui commence vraisemblablement toujours par une formation nucléaire, naissent des individus simples de premier ordre. Il est bon de séparer de ce processus l'idée de l'individualisation du protoplasma limitée à la formation de la cellule avec ses parties permanentes, précipitations, coagulations, formation des vacuoles, sécrétions des humeurs cellulaires. Les noyaux (avec le corps nucléaire, l'humeur et la membrane nucléaires), les cils, les diverses formations squelettiques des formes organisées du protoplasma, sont des produits véritables des mouvements moléculaires morphoplastiques du protoplasma. Les membranes peuvent aussi bien être produites par un processus purement chimique (par précipitation, par exemple), que par l'activité vitale du protoplasma pendant et après la formation nucléaire. La présence du noyau dans le protoplasma est seule nécessaire pour que le concept de la cellule soit réalisé. Les mouvements amiboïdes du noyau et sa division prouvent qu'il vit.

La *physiologie cellulaire* ou physiologie de la cellule est, à proprement parler, la physiologie du protoplasma intracellulaire. Elle ne s'occupe pas moins des phénomènes vitaux des corps unicellulaires vivant en liberté (par exemple, des amibes), que de ceux des cellules des êtres multicellulaires, chez lesquels le protoplasma se comporte souvent exactement de même. Ainsi, il est souvent impossible de faire une distinction à cet égard entre le protoplasma des leucocytes et celui des amibes.

La physiologie cellulaire constitue le fondement de la physiologie tout entière, parce que toutes les fonctions se réduisent en somme à l'activité vitale des cellules, aux fonctions du protoplasma des individus du premier degré, qui se réunissent et s'associent en tissus.

Toutefois, ce n'est point ce fonctionnement en commun d'un grand nombre de cellules de même espèce, associées en tissus, qui forme le sujet de la physiologie cellulaire, mais bien la fonction des cellules considérées individuellement. Quelque complexe que soit l'organisme qu'on étudie, on arrive toujours à la cellule, comme à l'élément morphologique dont les fonctions constituent le fondement de toutes les autres.

Qu'on se représente arrêté le double courant liquide, du dedans au dehors et du dehors au dedans, de la masse cellulaire, la nutrition du corps tout entier s'arrêtera. Les corpuscules rouges du sang, qui absorbent de l'oxygène, ont à bon droit reçu le nom, grâce à cette importante fonction, de cellules respiratoires; les globules du chyle, portant dans les diverses parties du corps les substances assimilables, peuvent être appelés cellules de nutrition. Les cellules des glandes sont des cellules de sécrétion. C'est uniquement aussi dans le contenu de la cellule vivante, dans le protoplasma, jamais ailleurs, le cas échéant dans les espaces intercellulaires, qu'il faut chercher le lieu de la combustion animale, l'origine de l'électricité animale, de la contractilité et de la sensation.

Les cellules ganglionnaires sont reconnues comme le siège des plus hautes fonctions psychiques.

La croissance arrive par l'augmentation du volume et de la masse des cellules individuelles et par leur division. La génération de nouveaux organismes dépend des deux organites cellulaires sexuels, l'œuf et le corpuscule spermatique, ou même simplement de la cellule ovulaire. Le développement de tous les animaux est dû à l'activité des cellules organoplastiques qui se différencient dans l'œuf, et l'hérédité des propriétés des corps vivants n'est intelligible que si on accorde aux cellules reproductrices le rôle capital de transmettre ces propriétés d'un organisme à un autre.

Ce rapide aperçu des phénomènes les plus généraux de la vie montre déjà que la cellule en constitue pour tous le fondement nécessaire. La physiologie doit donc non seulement tenir compte des résultats de l'étude morphologique de toutes les cellules, et particulièrement de leur protoplasma : elle doit les prendre pour base de l'étude des fonctions.

Individus du second degré : Les tissus.

L'origine des tissus, ou histogenèse, suppose l'existence des cellules. Mais un simple assemblage de cellules vivantes indépendantes, sans liaison qui les relie intimement les unes aux autres, n'est pas un tissu. Ce n'est que lorsque des complexus de cellules homogènes, nées par scission répétée, sont unis ensemble au moyen d'une substance intercellulaire ou unissante — un produit d'élimination des cellules elles-mêmes — ou que par un second agrégat de cellules situées entre celles-ci une disposition régulière a été atteinte, qu'il peut être question d'une fonction commune, d'un ensemble de cellules solidairement associées, fonction qui imprime à cet ensemble un caractère propre comme individu de deuxième ordre ou *tissu*, au sens physiologique du mot.

Mais à des tissus morphologiquement semblables ne correspondent nullement des fonctions analogues. Par exemple, les tissus épithéliaux présentent de frappantes analogies morphologiques, tandis qu'ils diffèrent beaucoup quant à leurs fonctions, comme l'indiquent assez les noms d'épithélium des organes des sens, d'épithélium vibratile, etc. Quelques épithéliums sécrètent, d'autres résorbent, bref, les fonctions les plus différentes sont accomplies par le tissu épithélial, selon qu'il est spécialement différencié d'une manière ou d'une autre.

D'un autre côté, il y a d'autres tissus qui, partout où ils se présentent, possèdent la même fonction en dépit de différences morphologiques considérables : le tissu contractile — fibres-cellules, fibres musculaires — la contractilité; le tissu nerveux, la neurilité, tissu dont les fibres reliant entre elles différentes parties centrales et périphériques, n'a pour fonction que de propager l'excitation, soit dans le sens centrifuge, soit dans la direction centripète. Comparées à ces tissus, qui accomplissent des fonctions bien caractérisées, les formes variées du tissu conjonctif, auxquelles appartiennent aussi les tissus osseux et cartilagineux, ont beaucoup moins d'importance au point de vue physiologique. Ce sont surtout des tissus de soutien et des moyens de connexion organique, mais qui ont aussi, comme le tissu adipeux, leur importance; ce dernier comme mauvais conducteur de la chaleur et magasin d'aliments de réserve. L'individualité de ces sortes de tissus est moins accusée que celle des autres.

Une *histophysiologie* complète, ayant ses racines dans la physiologie des cellules, doit établir, pour *tous* les tissus, quels sont les phénomènes vitaux, ainsi qu'a entrepris de le faire pour le tissu musculaire la physiologie générale des muscles (myophysique et myochimie).

Autant les tissus sont différents dans l'organisme développé, autant ils se ressemblent dans l'organisme en voie de développement durant les premiers temps ; en somme, l'origine de tous les tissus doit être cherchée dans l'hétérogénéité des produits (dont rien ne permet de distinguer jusqu'ici la nature hétérogène) de la cellule ovulaire, dont le contenu s'est segmenté. Le processus de différenciation, accessible à l'observation directe et à l'expérience, du tissu embryonnaire de l'œuf, ainsi que les conditions de sa transmission héréditaire, doivent être étudiés, afin de faire avancer la solution du problème de l'origine des tissus.

Si l'on considère comme un tissu l'agrégat de cellules qui compose les feuillets germinatifs, la fonction principale de ce tissu est la différenciation. Mais celle-ci n'est possible que par l'existence présente de causes héréditaires de mouvements, capables de déterminer l'ordre suivant lequel se disposent les molécules dans chaque cellule et les cellules elles-mêmes ; car dans les œufs qui se développent tout à fait à l'écart des parents, (dans les couveuses, par exemple,) il faut bien exclure toute influence de ceux-ci sur le développement ultérieur de l'animal. Comme le jaune, substance purement passive, non propre au développement, et l'air de la chambre à air, s'ajoutent simplement à ces organismes qui se différencient d'eux-mêmes, ils doivent déjà contenir *en puissance* toutes les fonctions que manifestera le nouvel être à sa naissance, et, partant, le plan et l'ébauche de ses tissus.

Ainsi l'hérédité est un facteur essentiel de l'hétérogénéité future du tissu homogène, et, sans elle, une connaissance, quelque étendue qu'elle soit, de la mécanique et des processus chimiques de la différenciation, ne saurait expliquer l'origine des différences fonctionnelles des tissus.

Que l'étude des fonctions des tissus parvenus à leur entier développement ne puisse, sans la connaissance la plus approfondie de leur morphologie, conduire à aucune notion scientifique touchant la nature des fonctions, c'est ce qui ressort clairement des théories prématurées et contradictoires, par exemple, des fonctions de la rétine, de l'innervation des vaisseaux, de la contraction musculaire, ainsi que de l'histoire de chaque fonction, là où l'explication a précédé la constatation des faits anatomiques et histologiques et a été par conséquent ruinée tôt ou tard.

Individus du troisième degré : Les organes.

L'origine des organes, ou organogenèse, suppose l'existence de tissus de deux sortes au moins. Mais ces tissus doivent fonctionner de concert, non isolément, pour que leur communauté mérite le nom d'*organe* au sens physiologique du mot. Les organes sont donc des formes organiques composées de tissus fonctionnellement différents, et douées d'une fonction déterminée ou de la faculté de l'exercer.

La physiologie spéciale des organes, ou *organophysiologie*, nous fait connaître ces fonctions ; elle distingue par conséquent des organes de circulation, des organes de respiration, des organes de nutrition, des organes de sécrétion chez tous les animaux ; chez un grand nombre, des organes de mouvement, des organes électriques et des organes des sens, ainsi que des organes de génération. D'autre part, on n'a pas démontré l'existence d'organes spéciaux pour la combustion animale, la croissance, la différenciation et l'hérédité ; ces fonctions appartiennent plutôt aux cellules et aux tissus de ces organes en fonction. Lorsque la fibre musculaire se contracte, lorsque la cellule glandulaire sécrète, elle s'échauffe, attendu qu'il s'y passe des phénomènes d'oxydation. Pendant la respiration, la nutrition, etc., les cellules des cartilages, les épithéliums, les fibres musculaires et nerveuses, etc., s'accroissent, sans préjudice de leurs fonctions, et montrent bien, par la manière dont elles se comportent réciproquement dans les tissus, qu'elles possèdent des propriétés organoplastiques héréditaires. La différenciation des cellules du tissu embryonnaire nous fait voir la même chose : quelque degré de rigidité qu'elles puissent acquérir par la suite, la différenciation se présente constamment comme une fonction propre à toutes les cellules de ce tissu. Mais, avant la différenciation, il n'existe aucun organe, ni réduit en miniature, ni simplement esquissé dans ses lignes principales : il n'y a qu'une série de dispositions organiques héréditaires.

Il est donc de tous points possible de déterminer, pour chaque organe, la fonction correspondante, soit passée, soit future, soit actuelle ; mais il n'est pas possible de découvrir, pour chaque fonction, un organe qui la manifeste, parce que maintes fonctions n'appartiennent qu'à des tissus, comme la différenciation dans l'embryon, d'autres qu'à des cellules, comme l'oxydation, d'autres aux uns et aux autres, comme la croissance.

Il en résulte qu'on ne saurait admettre l'opinion si répandue, d'après laquelle la physiologie n'est, d'une façon générale, que la science des fonctions des organes. Elle a pour objet l'étude des fonctions des individus de tout ordre. Aussi est-il souvent difficile de déterminer ce qu'est et ce que n'est pas un organe. Les caractères morphologiques, auxquels appartiennent le nombre, la grandeur, la structure, la position et la situation des parties, sans parler du développement, ne sauraient avoir de valeur décisive pour la détermination physiologique. Seule, la fonction fournit ici un critérium décisif. Si un agrégat naturel de tissus possède une autre fonction (même dans une mesure peu étendue) que chacun des tissus constituants, c'est un organe au sens physiologique du mot. Il suit que les produits de différenciation des cellules elles-mêmes, doués de fonction définie, tels que les cils, ne peuvent être appelés organes. Le nom qui leur convient est celui d'*organes cellulaires*.

S'il résulte de ces considérations que l'étude physiologique et l'étude morphologique des organes doivent suivre des routes différentes, il est pourtant évident qu'on ne saurait parvenir à l'intelligence des fonctions des organes, si l'étude constante de la morphologie des parties et celle des phénomènes de développement des organes ne servent de fondements. Un travailleur ignorant peut manier habilement une machine compliquée, et connaître les effets sans connaître les parties de la machine : il ne peut comprendre l'action de cette machine. De même pour les fonctions des organes. Tout homme en possession d'un larynx bien constitué peut jouer de cet instrument sans le connaître, sans savoir même qu'il en possède un ; mais celui-là qui connaît en détail toutes les parties de cet instrument, peut comprendre comment la voix, comment la fonction du larynx se produisent. Il en est ainsi pour toutes les fonctions de tous les organes.

*Individus du quatrième degré : Les appareils
organiques.*

Un agrégat étroitement uni d'organes hétérogènes, capable d'exercer une fonction définie,
s'appelle un *appareil organique*. Les fonctions
des appareils sont toujours complexes et supposent une longue suite d'évolutions; tel est le
langage, par exemple, qui nécessite une action
combinée de l'oreille, de certaines parties du cerveau, de la langue, du larynx et d'autres organes.
Toute fonction des animaux supérieurs repose
également sur le concours de plusieurs organes
spécifiquement différents. Ainsi, les principaux
organes de la circulation du sang ne sont pas
seulement les parties du système vasculaire des
anatomistes, le cœur, les artères, les capillaires
et les veines, mais aussi les nerfs qui innervent
le cœur et les vaisseaux. Outre les poumons, les
côtes, le diaphragme, et d'autres muscles avec
leurs nerfs, certains centres nerveux concourent à l'accomplissement de la fonction de la respiration. Pour la nutrition, la sécrétion, le mouvement, la perception, la génération chez les
animaux supérieurs, tout un groupe d'organes
particuliers fonctionnant de concert est requis,
qui constituent les appareils de nutrition; de
mouvement, etc.

L'individualité de ces appareils organiques si
compliqués, si différents anatomiquement les

uns des autres, est encore plus accusée que celle des organes : ceux-ci peuvent généralement souffrir de fortes atteintes sans que la fonction organique en soit gravement lésée ou cesse d'exister ; au contraire, les fonctions dont l'accomplissement dépend des appareils organiques, cessent facilement d'exister si seulement un seul des organes constituants vient à faire défaut, — le langage, par exemple, si seulement le nerf moteur de la langue n'accomplit plus sa fonction conductrice, si la langue elle-même ou un certain groupe de cellules cérébrales fait défaut, ou si les cordes vocales sont paralysées, etc. En général, une fonction dépend d'autant plus étroitement d'un organisme actif qu'elle est plus compliquée, que l'organisme occupe un degré plus élevé d'organisation, et que la différenciation est poussée plus loin.

C'est là une circonstance d'une haute importance pour l'étude des fonctions complexes par la pratique des vivisections : elle nous montre, en effet, que souvent des lésions insignifiantes et pouvant passer tout à fait inaperçues, ne laissent pas de troubler gravement les fonctions, — ce qui n'est point le cas, ou ne l'est pas de beaucoup au même degré, pour des organes moins différenciés, attendu que chez ces derniers les parties ne se trouvent point à un si haut degré de dépendance fonctionnelle les unes à l'égard des autres. Voilà pourquoi les animaux inférieurs sont plus propres en général aux expériences de vivisection que les animaux supérieurs : les fonctions de leurs appareils organiques peuvent persister longtemps encore après que ceux-ci ont été isolés de l'ensemble et considérés à part.

Individus du cinquième degré : Les organismes.

Ce qui caractérise l'organisme, c'est que plusieurs appareils organiques fonctionnent en lui à la fois. Il est constitué par des appareils qui, à l'état normal de santé, se régularisent eux-mêmes dans leurs fonctions d'une manière harmonique.

Plus ces fonctions régulatrices, qui ne sont connues que pour la plus petite partie, sont parfaites, plus l'organisme est complexe, plus son existence dépend des appareils spéciaux de la respiration, de la nutrition, du mouvement, etc., et, en même temps, plus un appareil organique est sous la dépendance d'un autre. La corrélation des organes au point de vue fonctionnel, caractéristique pour la nature propre des appareils, atteint dans l'organisme un degré supérieur, car ici c'est *la corrélation fonctionnelle des appareils qui maintient l'organisme entier.*

En réalité, la vie de l'organisme n'est pas autre chose que la somme des fonctions de ses appareils, mais son individualité est très prononcée, parce que celles-ci dépendent toutes plus ou moins l'une de l'autre. Si la fonction d'un seul appareil vient à faire défaut, par exemple la respiration, la nutrition, la circulation, par suite de la lésion d'un seul organe, par exemple des poumons, de l'estomac, du cœur, voire d'un seul tissu, comme du tissu musculaire du cœur, ou peut-être par l'effet de la lésion d'un petit nombre seulement de cellules (des cellules nerveuses de la moëlle allongée), — alors toutes les autres fonctions de l'organisme peuvent disparaître, soit sur le champ, soit progressivement : plus l'organisation de l'organisme est élevée, plus cette disparition est rapide.

Au contraire, chez les organismes dont les organes et les appareils dépendent moins les uns des autres, se trouvent dans une corrélation moins étroite, et ne peuvent déterminer par conséquent qu'une action régulatrice moins parfaite, les parties sont encore capables de fonctionner, quoique avec une énergie décroissante, après qu'on les a séparées les unes des autres. Un membre inférieur d'une grenouille, par exemple, qui n'est demeuré que par son nerf en communication avec la moëlle épinière dans la colonne vertébrale librement suspendue, alors même qu'il ne reste plus rien de l'animal que ces trois fragments, se lève encore, lorsqu'on plonge un moment ses orteils dans l'acide, comme si la grenouille était encore intacte et retirait son pied pour échapper à la cause de la douleur qu'elle éprouve. Chez les animaux supérieurs, au contraire, les fonctions de la moëlle épinière cessent dès que la nutrition de ce centre nerveux est interrompue.

En tout cas, ce n'est pas seulement la persistance de l'organisme, comme individu vivant, qui se trouve liée solidairement à la corrélation des appareils organiques, partant des organes : les fonctions de ces organes, étant dans un état de dépendance réciproque, sont liées aussi en grande partie à l'intégrité de l'organisme. Chez les animaux supérieurs, sans circulation, point de respiration ni de nutrition ; sans respiration point de production de chaleur ni de mouvement, et, sans ces fonctions, point de sensation ni de génération. La croissance, le développement, l'hérédité, dépendent immédiatement de la nutrition et des sécrétions qu'elle détermine.

L'organisme se distingue précisément par cette corrélation mutuelle des fonctions : celle-ci ne peut avoir été réalisée qu'au cours de séries d'évolutions extraordinairement longues, ainsi que le montre encore presque tout organisme par des traces témoignant qu'il dérive de formes vivantes moins parfaites.

Le développement de l'embryon dans l'œuf fournit à cet égard assez d'exemples qui, comme les formes rudimentaires de l'organisme développé (les mamelons mâles, les muscles de l'oreille, etc., chez l'homme) laissent clairement paraître que les animaux supérieurs descendent des animaux inférieurs. C'est pourquoi la physiologie de l'organisme humain doit être comparative ; elle ne doit pas perdre de vue que cet organisme descend d'animaux moins complexes ; elle doit donc procéder génétiquement, et s'efforcer de n'être pas moins au courant des résultats des recherches phylogénétiques des zoologistes et des botanistes que de ceux de l'embryologie.

Animaux et plantes.

On ne saurait considérer comme physiologiques d'autres divisions morphologiques des corps vivants que celles qui reposent sur la nature individuelle de ces corps. Ainsi, les divisions en usage dans les classifications zoologiques et botaniques, celles de classes, d'ordres, de familles, de genres, d'espèces (en y comprenant des sous-espèces, des variétés, des espèces bâtardes), ou de troncs, rameaux, branches, etc., n'ont aucune valeur physiologique. En effet, les propriétés morphologiques des êtres formant ici le caractère dominant, les fonctions physiologiques ne viennent qu'en seconde ligne ; il arrive donc que des êtres morphologiquement semblables, mais physiologiquement dissemblables, sont classés ensemble, et que des cellules menant une existence indépendante, des organismes, des cormes, bref, des individus placés à des degrés tout à fait différents de l'échelle de l'être, se trouvent être sur le même échelon dans la nomenclature.

La division de tous les corps vivants en plantes et en animaux n'est point fondée elle-même sur des différences fonctionnelles d'un caractère décisif, mais plutôt sur l'étonnante diversité que présentent les formes les plus ordinaires des plantes et des animaux. On ne saurait pourtant indiquer un caractère morphologique qui convienne à toutes les plantes sans exception et qui ne convienne à aucun animal. De même, il n'existe aucun caractère morphologique qui convienne sans exception à tous les animaux, et qui ne convienne à aucune plante. L'un et l'autre semble naturel si l'on considère la communauté d'origine du règne animal et du règne végétal.

*Prétendues différences des plantes
et des animaux.*

On ne découvre aucune différence capitale quant à la composition chimique : les éléments organiques sont les mêmes chez les plantes et chez les animaux.

On ne découvre pas davantage de différences physiologiques d'un caractère décisif.

Les fonctions animales du mouvement volontaire et de la sensation, si on les attribue au zooplasma, doivent l'être aussi au phytoplasma. De ce que des êtres pourvus de nerfs sentent et veulent, il n'en faut point conclure que les êtres qui en sont dépourvus n'éprouvent aucune sensation et n'accomplissent aucun acte volontaire. Il existe autant d'animaux véritables sans nerfs, qu'il y a de formes végétales (les zoospores) qui se comportent comme si elles sentaient et accomplissaient des mouvements volontaires.

On ne saurait trouver une différence dans le fait que les plantes composent, dans l'intimité de leurs tissus, du protoplasma, aux dépens de corps qui ne sont eux-mêmes ni protoplasmatiques, ni albuminoïdes, tandis que les animaux ne peuvent composer de l'albumine aux dépens de corps qui ne seraient pas déjà de nature albuminoïde. En effet, si la nourriture de l'animal doit renfermer de l'albumine, il y a beaucoup de champignons dont on doit en dire autant, et c'est un fait, que tout germe de plante contient déjà du protoplasma, partant de l'albumine.

Il est bien vrai que la vie des animaux est liée à celle des végétaux, mais la vie de beaucoup de plantes n'est pas moins liée à celle des animaux.

On ne saurait non plus trouver un caractère différentiel dans le fait, que toutes les plantes véritables n'absorbent que des aliments fluides. On ne peut dire : « les corps vivants qui peuvent transformer, au sein de leurs tissus, une autre nourriture qu'une nourriture fluide en éléments constituants de leur propres corps, sont des animaux ; ceux qui ne le peuvent pas sont des plantes. » En effet, beaucoup d'animaux n'absorbent qu'une nourriture fluide ; d'autre part, les plantes insectivores absorbent d'autres aliments encore que des aliments liquides, et, en résumé, tout ce qui dans le règne animal et dans le règne végétal est assimilable, ne saurait être qu'à l'état fluide.

La distinction encore aujourd'hui si souvent alléguée, — que les plantes seraient des appareils de réduction, qui transforment l'énergie actuelle (des vibrations de l'éther) en énergie potentielle, — tandis que les animaux représenteraient des appareils d'oxydation, qui transformeraient en force vive la force de tension accumulée par les plantes — n'a point de valeur, attendu que les plantes aussi manifestent des phénomènes variés de mouvement, qu'elles produisent de la chaleur par l'oxydation de leurs tissus, et qu'une grande partie d'entre elles (beaucoup de champignons) ne possèdent point le pouvoir de réduction et de synthèse que possèdent les plantes vertes, alors que les deux processus s'observent chez beaucoup d'animaux. La différence signalée n'a donc rien de décisif.

Tout ce qu'on peut dire, c'est que les phénomènes de réduction et de synthèse *prédominent* chez les végétaux, les phénomènes d'oxydation et d'analyse chez les animaux, et que la transformation de l'énergie actuelle en énergie latente l'emporte chez les végétaux, la métamorphose contraire des forces chez les animaux. Mais aucun des deux règnes organiques ne saurait revendiquer pour lui seul l'un ou l'autre mode de transformation de forces. En réalité, point de différences physiques ou physiologiques qui puissent servir de critérium infaillible. Ainsi la séparation et l'exhalation de l'oxygène provenant de la décomposition de l'acide carbonique absorbé, est propre à quelques animaux à chlorophylle et ne l'est point à tous les végétaux.

Une critique pénétrante de tous les essais tentés pour découvrir quelques caractères différentiels qui permettent de tracer une limite rigoureuse entre les deux règnes des plantes et des animaux, laisse assez paraître qu'aucune de ces tentatives n'a réussi. Plus la physiologie progresse dans ses études de détail, plus on découvre de plantes zooïdes ; plus les moyens d'investigation microscopique des animaux inférieurs se perfectionnent, plus le nombre des animaux phytoïdes s'accroît. Il est arrivé ainsi que certains microbes ont été attribués par les uns au règne végétal, par les autres au règne animal : ç'a été le cas des euglènes, qui dégagent de l'oxygène.

On peut donc affirmer légitimement qu'il n'existe point de limite tranchée entre les plantes et les animaux. Les êtres vivants les plus simples qui, au point de vue physiologique, se comportent tantôt comme des animaux, tantôt comme des plantes, forment la transition. Les plantes et les animaux deviennent faciles à distinguer, dès qu'ils ne sont plus simples, mais possèdent une structure complexe. Mais, comme celle-ci est liée indissolublement à une division très avancée du travail, il suit que *la différence des plantes et des animaux, comme elle existe en fait, doit aller de*

concert avec la division différente du travail. En
d'autres termes, par la prédominance d'un
groupe de fonctions, l'être primordial indifférent,
le protoplasma, deviendra plutôt végétal qu'animal, par celle d'un autre groupe de fonctions,
plutôt animal que végétal. Il faut noter ici que toutes les fonctions fondamentales, dites végéta-
tives, doivent être concédées aux animaux, de
même que les rudiments de toutes les fonctions
animales doivent l'être aux végétaux, — le protoplasma manifestant, dans les deux cas, la capacité d'accomplir toutes ces fonctions, c'est-
à-dire toutes les fonctions qui appartiennent
sans exception à tous les êtres vivants.

Anomalies morphologiques.

L'étude des phénomènes de la vie ayant à considérer avant tout le substratum morphologique
de ces phénomènes, partant les individus organiques de tout ordre, pour découvrir en eux les
changements survenus dans l'arrangement des
plus petites particules matérielles, toute anomalie
d'une forme organisée, surtout si celle-ci est encore vivante, est d'un haut intérêt pour la physiologie. Par conséquent, les fonctions des monstres, des individus malades, des invalides, des
déformations animales et végétales, artificielles
et naturelles, méritent une attention particulière.

Lorsque, dans certains cas pathologiques, dans

des expériences de vivisection, après des lésions ayant produit des phénomènes d'arrêt, une fonction, par suite des lésions de son substratum, se trouve exercée par d'autres parties qui suppléent les parties lésées, on voit naître alors, grâce à la réaction de la fonction sur l'organe, des anomalies morphologiques de longue ou de courte durée. Ainsi, chez les larves de salamandre, qu'on empêche de nager à la surface de l'eau, de grandes branchies se développent à la place de poumons. L'anomalie peut aller si loin, que les larves de tritons, maintenues dans l'eau, y deviennent aptes à la reproduction. Chez l'homme, la formation d'une circulation collatérale est également la suite d'un arrêt fonctionnel, dont l'action modificatrice agit sur le substratum.

Des anomalies de ce genre ont une importance particulière pour montrer que la fonction ne dépend pas moins du substratum que le substratum de la fonction, tandis que les nombreuses variétés innées, telles que la polydactylie, présentent un intérêt plutôt morphologique que physiologique.

Egalement importantes pour la physiologie et la morphologie sont les déformations artificielles (monstruosités par défaut, monstruosités doubles, etc.) des embryons dans l'œuf, dont l'étude expérimentale a déjà commencé.

CHAPITRE IV

Les forces naturelles sont en puissance ou en acte. Les premières se tranforment dans les secondes, et celles-ci dans celles-là, sans changements matériels lorsque les phénomènes sont purement physiques (mécaniques), avec des changements matériels quand ils sont chimiques. Mais, tandis que les deux sortes de forces dont s'occupe la physique sont variées, la chimie n'a besoin que d'une seule force, l'affinité, pour produire les changements des corps qu'elle étudie. Si, à côté des forces physiques, on place les « forces chimiques », on veut uniquement faire entendre par là, que l'*affinité* se manifeste d'une manière variée. En réalité, l'affinité n'est qu'une forme de l'énergie latente ou potentielle : elle appartient donc, bien en somme, à la physique théorique.

La physiologie doit connaître les modes d'action des forces physiques et chimiques afin d'examiner dans quelle mesure elles participent aux fonctions des corps vivants. Elle use par conséquent avec la plus grande utilité de la terminologie des sciences physiques et chimiques. Synonymes sont les expressions d'« énergie potentielle, force de tension, travail disponible », d'une part, et, d'autre part, celles d'« énergie actuelle ou cinétique, de force vive ». Un *travail* physiologique est précisément mesuré comme l'est un travail mécanique, et, comme celui-ci, il est exprimé en kilogrammètres. Exemple : le travail accompli par le cœur. Le travail que peut accomplir l'appareil vivant au repos est exactement identique à son énergie potentielle; il s'exprime en unités qui correspondent aux unités de calorie. L'unité de chaleur ou calorie est la quantité de chaleur nécessaire pour élever d'un degré centigrade, de 0° c. à 1° c., la température d'un gramme d'eau. Par conséquent, le travail qui correspond à cette unité de chaleur, son équivalent mécanique, est 0,424 kilogrammètres ou 424 grammètres.

Les forces physiques.

Il n'y a aucune raison d'admettre que, dans les corps vivants, les forces de la nature inorganique agissent autrement que dans le reste du monde. En tant que corps naturels, tous les corps vivants possèdent déjà les propriétés générales qui appartiennent à tous les corps physiques. Ils doivent aussi, par conséquent, obéir aux lois auxquelles sont soumis tous les corps de la nature, par exemple à la loi de la chute des graves. Alors même que les corps vivants paraîtraient s'écarter beaucoup en apparence, dans leurs modes de mouvements, des corps inorganiques, il n'y aurait aucune nécessité de les exclure du domaine de la mécanique, attendu qu'au cours d'innombrables recherches portant sur ces apparentes déviations, l'application des principes de la mécanique aux phénomènes de la vie, — tels que la respiration, le cours des humeurs, la locomotion, la calorification, le travail musculaire, — s'est montrée de tous points légitime et fructueuse.

Mais ce n'est point à dire que les forces regardées jusqu'ici comme suffisantes pour l'explication des phénomènes mécaniques des corps inorganiques, suffisent pleinement aussi pour l'explication des phénomènes de la vie.

Vouloir expliquer ces phénomènes, qui ne ressemblent point à ceux des corps inorganiques, — les phénomènes de développement avec le déploiement progressif des phénomènes psychiques, — par l'hypothèse de forces spéciales, non nécessaires à l'explication des phénomènes inorganiques de la nature, cela équivaut à commencer par renoncer à une conception moniste de l'univers et semble déjà, pour cette seule raison, devoir être rejeté au point de vue scientifique, parce qu'en somme la différence des phé-

nomènes de la vie et des mouvements inorganiques, quoique très grande, ne peut, vu l'unité
de substance des corps vivants et non vivants,
présenter un caractère d'irréductibilité telle
qu'on ne puisse concevoir de transition entre
les uns et les autres.

Si, dans les corps vivants, la matière possédait
d'autres forces physiques, ou de quelque nature
que ce soit, que dans les corps non vivants, alors
les éléments constituant la matière devraient
posséder tantôt telles forces, c'est-à-dire telles
propriétés, tantôt telles autres, partant, les éléments ne seraient plus invariables et immuables,
ils ne seraient plus des substances élémentaires,
ce qui implique contradiction. Que la majorité
des éléments considérés actuellement comme
simples soient encore, en réalité, composés
d'autres éléments, il devra toujours exister un
ou plusieurs éléments quelconques. Or cet élément ne saurait être doué dans les corps vivants,
d'autres forces que dans les corps morts, sans
mettre à néant toutes les idées scientifiques de
« matière » et de force.

Il ne reste donc qu'à définir les forces physiques, nécessaires pour expliquer ces phénomènes
du monde inorganique qui ont lieu sans changements matériels, — il ne reste qu'à définir
ces forces physiques d'une manière telle, qu'elles
soient propres à rendre intelligible aussi l'ensemble des processus non matériels dans les
corps vivants.

C'est bien plus le manque de recherches synthétiques que la réflexion qui, d'une part, a limité la physique théorique à la nature inorganique, et a, d'autre part, assigné à la physiologie, comme physique de l'organisme, les phénomènes de la vie susceptibles de considération mécanique. Les forces dont s'occupe la physique doivent expliquer la nature tout entière, et non pas seulement la nature qui ne vit pas, et la physiologie, comme physique appliquée, doit non seulement laisser régner, dans toute l'étendue de leur domaine, les forces physiques, mais là où celles-ci ne suffisent pas, elle doit savoir assurer à ses propres hypothèses en physique une autorité entière. Autrement l'unité des sciences de la nature serait impossible.

Or la nature, en tant qu'objet de science, est un tout unique ; la science de la nature doit donc posséder des principes de la même espèce, et rien ne serait plus absurde que d'opposer aux forces physiques, ou de placer à côté d'elles, on ne sait quelles forces physiologiques spécifiques.

Les forces chimiques.

Ce qu'on vient de dire du rôle des forces physiques en physiologie vaut également pour les forces chimiques. Puisque, en dépit d'innombrables analyses de corps végétaux et animaux, on n'en a point retiré d'autres éléments chimiques que des corps inorganiques, et que ceux-ci, comme substance des choses, possèdent des propriétés invariables et immuables, on ne saurait attribuer aux éléments organiques des corps vivants d'autres forces chimiques que celles qui existent en dehors d'eux.

Si l'on comprend et résume toutes les forces chimiques dans le mot « affinité », comme on fait d'ordinaire, bien que le mot soit mal choisi, c'est alors un principe rigoureusement vrai, que les affinités des éléments ne subissent aucune modification en pénétrant dans les corps vivants. En d'autres termes, si les affinités des éléments, après l'absorption et l'assimilation d'une combinaison chimique (qui en soi est toujours morte) de la part d'un corps vivant, *paraissent* se modifier, cette modification, précisément comme dans la chimie minérale, doit être rapportée aux modifications du *milieu ambiant* de l'élément, aux nouvelles conditions de combinaison et de séparation des éléments, — mais la constance des propriétés fondamentales des éléments, de leur capacité de saturation ou valeur de combinaison chimique (c'est-à-dire de leur valence), de leur poids atomique et de la quantité de leurs équivalents, doit être tenue pour un axiome incontestable jusqu'à ce que l'on connaisse des faits qui soient inconciliables avec cette constance. Or il n'existe de pareils faits ni dans la chimie minérale ni dans la biochimie, et ils seraient nécessaires pour faire abandonner l'idée qu'on s'est faite jusqu'ici de l'élément chimique, dont le caractère propre est précisément l'invariabilité.

Si, par le fait des processus vitaux, les éléments changeaient, ou si leurs valences variaient autrement que dans la nature inorganique, alors les éléments ne seraient plus des éléments. Objectera-t-on que les corps vivants ne seraient pas composés d'éléments, et que ceux-ci s'en laisseraient seulement retirer? Mais on peut en dire autant de tous les corps morts. C'est un fait que, par une combinaison appropriée des éléments, un grand nombre de produits organiques, tels que l'urée et l'acide formique, peuvent être artificiellement créés aux dépens d'éléments chimiques isolés. Alors même que la formation de ces substances serait tout autre chez les êtres vivants que dans les synthèses artificielles du laboratoire, celles-ci montrent pourtant que les éléments empruntés à la nature inorganique créent des produits identiques à ceux des êtres vivants, et que, dans les deux cas, les forces chimiques des éléments sont identiques.

Si l'on ne voulait pas encore en convenir, parce que tous les produits résultant de l'activité vitale des plantes et des animaux, l'albumine par exemple, n'ont pu être reproduits de toutes pièces dans les laboratoires, mais une partie seulement de ces substances organiques, on devrait en conclure que les forces chimiques auxquelles les minéraux et les roches (le granit, par exemple) non susceptibles d'être reproduits par synthèse doivent leur origine, seraient des forces différentes de celles des éléments connus qui les constituent, conséquence à laquelle personne n'accordera son assentiment. En outre, il ne faut pas oublier que la synthèse d'une combinaison chimique, la production d'un cristal, n'est pas une « création » au sens propre du mot : nous assistons simplement à son développement, comme dans la culture des plantes, l'élevage des animaux, l'incubation des œufs, où l'expérimentateur institue seulement les conditions extérieures favorables à la production de nouvelles formations.

L'affinité, considérée comme l'unique force en chimie, l'affinité ou capacité de saturation, mesurée par le nombre d'atomes avec lesquels un seul atome peut s'unir, — partant identique au quotient du poids des équivalents divisé par le poids atomique — n'est pas moins active dans la formation des combinaisons chimiques *atomistiques* ordinaires, que dans celle des combinaisons *moléculaires* physiologiques dues à l'association de groupes d'atomes ou de molécules. L'affinité ne peut manquer d'exister dans aucun phénomène vital, fût-ce dans le plus simple, parce qu'il n'y a point de vie possible sans processus chimiques ; mais l'affinité ne suffit pas pour expliquer tous les phénomènes de la vie, qui reposent sur des modifications matérielles, comme ceux de la nature inorganique.

En effet, qu'on admette par hypothèse que

toutes les combinaisons chimiques existant à la
fois dans un œuf qui vient d'être fécondé soient
si exactement connues, qu'elles puissent être re-
produites de toutes pièces, dans le laboratoire,
aux dépens des éléments qui les constituent : —
un œuf composé avec ces produits artificiels ne
serait pourtant jamais susceptible de développement, alors même qu'il serait physiquement et
chimiquement identique à un œuf naturel. Pourquoi ? Parce qu'il manquerait à cet œuf artificiel
la première condition de tout développement,
une certaine somme de dispositions héréditaires.
Or, jusqu'ici celles-ci n'ont d'explication ni en
physique ni en chimie; elles ne sont pas plus
attachées aux forces physiques qu'aux combinaisons chimiques. On peut très bien se représenter
que deux œufs, manifestant, à l'examen le plus
approfondi, aidé des moyens les plus délicats
d'investigation, absolument les mêmes propriétés
chimiques et physiques, puissent donner naissance à deux animaux très différents, et cela
parce que les dispositions héréditaires ne sont
pas les mêmes dans chacun des deux œufs.

La preuve la plus frappante que les dispositions héréditaires dissemblables, par conséquent
les diversités que laissent paraître des êtres semblables ou analogues, des nouveau-nés, par
exemple, ne sauraient avoir pour cause une diversité de combinaisons chimiques dans l'œuf
(de lécithine, de nucléine, etc., différentes), —
cette preuve, la diversité individuelle des formes

vivantes les plus semblables nous la donne. Si, en effet, les diversités de deux variétés de la même espèce reposaient sur des différences de combinaisons chimiques dans l'œuf, les différences de tous les individus de chaque variété devraient reposer aussi sur des différences de combinaisons chimiques dans l'œuf, en d'autres termes, chaque individu posséderait certaines combinaisons chimiques spéciales des quatorze éléments organiques. Le cas où un œuf se trouverait, au point de vue de la composition chimique, exactement semblable à un autre, — où des jumeaux dissemblables sortiraient d'un œuf, — serait impossible. Les combinaisons chimiques dont il s'agit n'existeraient chacune qu'une seule fois : elles se manifesteraient une fois seulement dans chaque œuf et jamais plus ne reparaîtraient. Or cela est en contradiction avec la loi, générale en chimie, d'après laquelle les éléments se combinent les uns avec les autres en proportions constantes. Une combinaison chimique qui n'existerait qu'une seule fois n'est donc pas une combinaison chimique.

Il suit que la diversité présentée par les corps vivants ne saurait reposer sur une différence de combinaisons chimiques dans l'œuf. En dehors de leurs affinités, quelque chose d'essentiellement différent de toutes les forces physiques et chimiques, telles qu'on les envisage aujourd'hui, l'*hérédité*, doit déterminer le mode suivant lequel réagissent les unes sur les autres les combinaisons chimiques existant dans l'œuf, ainsi que l'ordre et l'arrangement de leurs molécules, de sorte qu'un embryon, un être vivant, qui ressemble aux générateurs de l'œuf, s'en développe, et que, même avec une composition des œufs qualitativement et quantitativement semblable, des individus différents puissent en résulter. Ni les chimistes, ni les physiciens n'ont encore eu l'occasion de faire entrer le phénomène de l'hérédité dans le cercle de leurs recherches, parce qu'il n'est pas tombé pour eux dans le domaine de la nature inorganique.

Il s'impose d'abord à l'investigation chimique, si l'on considère que quelques combinaisons chimiques en petit nombre, au sens propre du mot, existent bien dans tous les corps vivants au cours de toutes les générations, mais qu'elles se rencontrent aussi ou dans les roches et dans les minéraux, ou bien, quand ce n'est pas le cas, qu'elles ont une importance relativement moindre pour les processus vitaux, et que les substances qui ont au contraire une plus grande importance pour la vie, telles que les *albumines* (protéides, substances albuminoïdes), ne présentent plus le caractère de combinaisons chimiques. Ce sont ces substances qui déterminent la ressemblance héréditaire des organismes et qui, en même temps, grâce à leur délicatesse et à leur instabilité extrêmes, subissent surtout l'influence modificatrice du milieu.

L'influence externe la plus importante, et

dont l'effet a une action immédiate, celle de la nutrition, se trouve être double chez tous les êtres vivants. N'étant pas identique chez deux individus, la nourriture augmente les différences chimiques individuelles; puis, comme elle se compose des mêmes éléments pour toutes les plantes et pour tous les animaux, — à savoir, des éléments des plantes et des animaux eux-mêmes — elle doit nécessairement fixer et maintenir les caractères similaires de tous dans la composition chimique. De ces deux effets, dus à la nourriture, le dernier a lieu en vertu de l'hérédité des fonctions assimilatrices, le premier se réalise par la labilité des molécules d'albumine. Il est donc indispensable d'admettre, pour expliquer les différences chimiques individuelles que présentent les corps vivants, les embryons et les œufs, que les atomes chimiques et les composés atomiques, qui (dans les radicaux composés) peuvent jouer le rôle d'atomes, — se combinent les uns avec les autres autrement encore que suivant des rapports atomiques et moléculaires constants, c'est-à-dire, par conséquent, qu'ils se combinent en rapports ou proportions variables.

Les combinaisons en proportions constantes, invariables, y compris les variétés déterminées par l'isomérie (métamérie et polymérie), sont toutes dans leur ensemble, au sens physiologique, des combinaisons brutes ou mortes, des produits de l'échange des substances qui, dans le protoplama, par l'effet des mouvements animés des atomes, se réalise dans la molécule d'albumine. *Les combinaisons en rapports variables* naissent et disparaissent avec cet échange de matériaux, et ne laissent subsister que les combinaisons en rapports fixes ou invariables, les seules qui aient été soumises jusqu'ici à l'analyse chimique.

Les albumines qui ont été jusqu'ici obtenues à l'état de pureté et analysées, appartiennent à des matières organiques mortes ; quant aux albumines en pleine activité dans le protoplasma des êtres unicellulaires, des ovules fécondés, des cellules végétales, des leucocytes, etc., elles réclament, pour être étudiées, de nouvelles méthodes chimiques d'investigation.

Un autre domaine des phénomènes organiques, d'abord tenu pour aussi mystérieux et spécial à la vie que l'est aujourd'hui la chimie du protoplasma, celui des *fermentations* chez tous les êtres vivants, pourra sans doute être étudié à la lumière des hypothèses actuelles, sans qu'il soit besoin de recourir aux « forces catalytiques ou de contact » ou à des combinaisons chimiques de nature spéciale. En effet, la préparation de l'éther, le fait connu que, en faisant agir une quantité constante d'acide sulfurique sur l'alcool, il se produit une quantité presque illimitée d'éther, sans que l'acide sulfurique diminue le moins du monde ou éprouve un changement quelconque après la production et la disparition de l'acide éthylsulfurique, — ce fait montre comment, par une double décomposition chimique, a lieu le prodige apparent d'une action par contact de deux substances chimiquement différentes sans modification de l'une d'elles.

Il n'est pas davantage nécessaire de supposer que les ferments non organisés (ceux de la digestion, par exemple) soient des restes d'organismes, ni qu'ils soient doués de forces particulières, spécifiques, n'agissant nulle part ailleurs. Au contraire, l'étude des fermentations doit se proposer d'apporter la preuve des changements intermédiaires des ferments et de leur régénération. Pour atteindre ce but, elle s'appuie sur une des plus sûres conquêtes de la chimie organique, sur la théorie de la formation des éthers, laquelle démontre que ces changements intermédiaires et cette régénération ont bien lieu réellement dans un cas dont l'étude approfondie a été poussée dans toutes les directions. Les effets des ferments végétaux et animaux, de la pepsine, de la ptyaline, de la diastase, etc., peuvent donc aussi avoir lieu sans que ces ferments subissent eux-mêmes aucune modification.

Inadmissibilité de l'hypothèse d'une force vitale particulière.

Depuis que le concept physique de force a été introduit avec toute sa rigueur dans la physiologie, les forces vitales, ces derniers rejetons des esprits vitaux et des esprits animaux, ont perdu leur valeur traditionnelle.

La vie des corps vivants consiste dans une transformation d'énergie potentielle (P) en énergie cinétique (C), et dans le remplacement, par un échange de forces en sens contraire, de l'énergie potentielle employée.

Dans tout corps vivant, des phénomènes de deux sortes ont lieu à la fois.

La loi de la conservation de la force (du travail, de l'énergie) appliquée à la vie, exige qu'ici, comme dans les machines, il existe un rapport constant entre la provision d'énergie potentielle et l'énergie cinétique possible. Mais la preuve que, par exemple, dans l'organisme animal, la somme de travail accompli, estimée en chaleur, est bien exactement égale à la quantité de chaleur dégagée par les processus chimiques, n'a pas encore été obtenue expérimentalement, du moins d'une façon complète; le rapport de l'électricité animale au travail mécanique est inconnu; bref, en physiologie, la loi de la conservation de l'énergie, dans son ensemble, a plutôt pour la pratique une valeur régulatrice qu'elle n'est susceptible d'être empiriquement établie par les phénomènes de la vie.

Dans sa conception la plus générale, cette loi démontre que, dans un système de points matériels en mouvements, considéré comme soustrait à toutes les influences extérieures, la somme

P + C demeure constante, alors même que C et P varient sans interruption. L'univers peut être considéré comme formant un pareil système : l'organisme ne saurait l'être. En outre, il y a dans les corps vivants des causes effectives de mouvement qui, venant à susciter, à modifier ou à arrêter les forces soumises à la loi de la conservation de l'énergie, ne sauraient figurer dans les formules du mouvement, attendu que l'équivalent mécanique de la chaleur de ces causes de mouvement, par exemple les sentiments, n'est point trouvable. Si, avec de l'acide sulfurique étendu d'eau, puis, à intervalles égaux, avec le même acide, de plus en plus concentré, on mouille la peau d'un amphibie, la vivacité des mouvements augmente manifestement : elle croît, comme chez l'homme, avec l'intensité de la douleur. Le sentiment de la douleur, — croissant avec la force de l'excitant, — est la cause, chez l'animal, de mouvements d'ensemble, et l'énergie cinétique de ces mouvements est fonction de l'intensité du sentiment. Mais cette énergie cinétique, estimée par la quantité de chaleur dégagée, ne donne point l'équivalent dynamique du sentiment de douleur : il ne donne que celui du processus chimique. En ce cas (et dans bien d'autres, par exemple dans la fécondation, la fermentation), la loi de la conservation de l'énergie n'est pas jusqu'ici applicable.

Faut-il admettre pour cela une force vitale spéciale, particulière? Non, certes. On ne ferait ainsi que soustraire davantage encore à la hiérarchie d'airain des lois naturelles, une chose incompréhensible par quelque chose de plus incompréhensible encore, comme si l'on admettait l'existence d'une *anima*, d'un *archeus* ou *faber*, ou plusieurs *spiritus vitales*. Encore aujourd'hui, sous des noms anciens ou nouveaux, non plus à la vérité comme *pneuma* et comme *impetum faciens*, mais comme « principe vital », « nature médicatrice », *nisus formativus*, et, avec les idées peu scientifiques, surtout peu claires, d' « inconscient » et de « finalité » (1), le vitalisme joue un rôle public et secret auprès de beaucoup de gens plus ou moins étrangers aux sciences de la nature.

Des naturalistes eux-mêmes, contre leur volonté, ont fort contribué à cette faveur dont jouit encore le vitalisme, en ne surveillant pas assez leurs manières de parler, en poussant trop loin l'expression figurée de leur idée d'une volonté de la nature, d'une nature vivante ou d'une activité intentionnelle de la nature.

Ce qui met le mieux en lumière l'inadmissibilité de l'hypothèse d'une force vitale, c'est la nécessité, déjà démontrée, d'un mode d'action identique des forces physiques au dedans comme au dehors des corps vivants, ainsi que l'identité des

---

(1) Cf. *Les sciences naturelles et la philosophie de l'inconscient*, avec l'Étude critique sur cette philosophie, que nous avons placée en tête de notre traduction de ce livre de M. Oscar Schmidt, professeur de zoologie et d'anatomie comparée à l'Université de Strasbourg. (*Note du traducteur.*)

affinités chimiques dans les deux cas. Enfin, avec l'identité absolue des éléments organiques et des éléments minéraux de même nom, la force vitale ne repose plus sur rien.

Inadmissibilité de l'hypothèse d'un mouvement permanent, spécifiquement vital.

Non moins inadmissible que l'hypothèse d'une force vitale, au sens de l'ancienne physiologie, est l'hypothèse d'après laquelle il existerait, dans les corps vivants, un mouvement moléculaire spécial, jamais interrompu, spécifiquement vital, indéfinissable. D'après d'anciennes idées, c'est par l'existence de ce « tourbillon de matière » (*Wirbel der Materie*) que les corps vivants se distingueraient des corps inorganiques, et ce serait lui qui, de génération en génération, et de tout temps, transmettrait la vie d'un corps à un autre, assurant ainsi la continuité de toute vie. Selon cette hypothèse, ce ne serait ni la nature particulière des combinaisons chimiques, ni une particularité de leurs affinités, ni une nouvelle force physique, qui servirait de fondement à la vie : ce serait un mouvement moléculaire spécial; une fois pleinement éteint, il ne pourrait plus être ranimé. Voilà en quoi consisterait principalement ce mouvement.

Tant qu'on ignora que les plantes et les animaux de structure et de genre de vie les plus divers, ne perdaient point leur aptitude à vivre

après la soustraction des conditions vitales
externes les plus importantes, par exemple dans
un milieu complétement sec et sans air, ou après
une congélation totale de toutes les parties
de l'organisme, on pouvait supposer qu'en pareille occurrence le mouvement vital diminuait
seulement. Mais depuis qu'il est constant qu'il
est tout à fait interrompu, et qu'il ne reparaît
qu'avec la restitution de ces conditions, l'idée de
la permanence de ce mouvement supposé des molécules organiques, de ce mouvement vital, doit
être abandonnée. L'anabiose est en contradiction
avec cette idée, puisqu'elle présente une transformation d'énergie potentielle en énergie cinétique
après cessation complète de toute activité vitale,
chez des corps congelés, animaux ou œufs.

Si l'on voulait soutenir qu'il ne faut admettre
qu'une diminution seulement, non une suppression totale de la transformation des forces poten-
tielles en forces actuelles, telles qu'elles se manifestent pendant la vie, chez des rotifères absolument congelés, chez des nostocs tout à fait
desséchés, chez des œufs fécondés complètement
gelés, il serait nécessaire d'apporter quelque
preuve de l'existence effective de ces infiniment
petites transformations physiologiques après de
longs espaces de temps, après des mois, des années, des siècles (chez des graines de plantes trouvées dans des cercueils de plomb et ayant conservé
la faculté de germer). Mais c'est cette démonstration qui fait entièrement défaut. Ce qui est établi,

c'est que les processus vitaux — digestion, germi-
nation, fructification, contraction musculaire —
après la révivification (au moyen de la restitution
des conditions externes et nécessaires de la vie)
reprennent exactement au point où ils avaient été
interrompus, au moment de l'extinction de leurs
diverses fonctions (causée par la soustraction des
conditions externes de la vie qui leur étaient indispensables). Dira-t-on d'une horloge montée, dont
le pendule n'oscille pas, qu'elle marche encore,
mais d'une manière imperceptible? Elle est complétement arrêtée; elle ne transformera sa force de
tension en force vive, comme avant, que lorsque le
pendule, mis en mouvement par un choc, recom-
mencera à osciller. Pour les corps susceptibles de
vivre, mais sans vie, le choc s'appelle « excitant »,
(*stimulus*), et la faculté que possèdent ces corps,
une fois les conditions extérieures restituées, de
réagir contre cet excitant par la transformation
de leur force potentielle en force actuelle, s'appelle « excitabilité ».

Particulièrement complexes, et en cela ils s'é-
cartent des mouvements des corps inorganiques,
sont, à plus d'un égard, les processus vitaux; mais
précisément la continuité qu'on leur attribue
comme caractère principal, n'appartient à aucun
des corps vivants, aussi peu qu'au mouvement de
l'horloge. Ce fait capital est démontré par l'existence de l'anabiose.

On considère, en général, comme au plus haut
point vraisemblable, relativement au mouvement

moléculaire dont est animé le protoplasma (et, par conséquent, au mouvement moléculaire de tous les corps vivants), que ce mouvement n'est pas seulement hétérogène, mais que partout et toujours il se modifie avec les circonstances extérieures. Ainsi, même abstraction faite du manque de continuité du mouvement vital, on ne saurait admettre l'existence d'un mouvement moléculaire organique, d'un mouvement spécifiquement vital.

Hypothèses nécessaires.

Pour faire disparaître la contradiction, tenue pour insoluble par beaucoup d'esprits, qui existe encore entre les faits de la biologie et les principes certains de la physique et de la chimie, et cela sans créer de nouvelles contradictions, le mieux, c'est que la physique et la chimie entreprennent d'*étendre le concept de l'énergie potentielle, de manière que la faculté de sentir, pour la matière, rentre aussi dans ce concept,* faculté qui, dans des conditions tout à fait spéciales, — telles qu'elles se trouvent uniquement réalisées dans les corps vivants, — peut se manifester, quoique d'une façon trop rudimentaire pour affecter le cours des phénomènes de la nature inorganique.

En outre, pour mettre d'accord avec les faits de la physique et de la chimie les phénomènes de l'*hérédité,* il est nécessaire d'*attribuer à toute matière une sorte de mémoire,* comme quelques-uns l'ont déjà fait (1). Une persistance des plus petites particules dans l'ordre et la disposition où elles ont le plus souvent été mises par les forces extérieures, et une tendance, qui croît avec la répétition, à reprendre toujours la même situation, même lorsque les forces extérieures n'agissent plus avec l'intensité originelle, tel est le premier degré de cette mémoire.

Ces considérations mènent cependant trop loin dans le domaine de la spéculation. Relevons seulement, relativement au dernier point, que les meilleurs observateurs n'hésitent pas à attribuer des fonctions psychiques au protoplasma des êtres vivants les plus inférieurs. Mais si les conditions fondamentales de ces fonctions n'appartiennent point déjà aux mélanges vivants des diverses substances d'où sort le protoplasma actuel, on ne voit pas qu'elle serait l'origine de cette faculté de sentir et de discerner.

La chaleur, cause de la vie.

On ne peut encore édifier aucune théorie indiscutable de la vie sur les faits connus de morphologie, de chimie et de physique, ni sur les hypothèses postulées par la physiologie. Il existe

---

(1) V. le profond opuscule d'Ewald Hering, *Ueber das Gedæchtniss als eine allgemeine Function der organisirten Materie*, et, dans la *Psychologie cellulaire*, d'Ernest Hæckel (1880, Germer Baillière et Cⁱᵉ), la théorie des plastides, du plasson et des plastidules, pages 15 à 69 de notre traduction. (*Note du traducteur*).

pourtant une forte tendance à spéculer théoriquement en s'appuyant sur l'antique principe, que *la chaleur constitue le fondement de tous les phénomènes de la vie.*

Il est certain que la vie n'est possible que là où le mouvement qu'on nomme chaleur existe et persiste. Quand ce mouvement s'arrête ou tombe à un certain degré minimum, la vie ne peut apparaître que si, dans le composé organique, la vie a déjà existé, et qu'il s'y trouve encore une certaine réserve d'énergie potentielle, de manière que, certaines conditions indispensables étant réalisées, le mouvement appelé chaleur puisse se manifester de nouveau (anabiose).

En outre, c'est un fait que tous les êtres vivants connus dépendent du soleil, soit directement, en transformant l'énergie actuelle des vibrations éthérées des rayons solaires en travail chimique disponible, soit indirectement, en mettant en liberté par l'absorption de l'oxygène ou en transformant en travail cette chaleur solaire emmagasinée dans les tissus. Tout mouvement vital sur la terre, ramené scientifiquement à sa cause véritable, dérive des forces accumulées dans le soleil. Les anaérobies eux-mêmes, qui présentent une exception apparente, puisqu'ils n'absorbent pas d'oxygène à l'état libre, et ne sont pas capables de transformer en énergie potentielle la force vive des oscillations de l'éther, — les anaérophytes, dépourvus de chlorophylle, et les anaérozoaires qui vivent dans l'obscurité et dans un milieu sans oxygène, où ils déterminent des fermentations, — tous ces êtres ne laissent pas d'emprunter leur chaleur à des matières contenant du carbone et de l'hydrogène, lesquelles n'ont pu naître que sous l'influence des rayons du soleil, produits de la nutrition des végétaux, ou, par l'intermédiaire de celle-ci, des animaux, — produits qui sont aussi nécessaires pour la fermentation que les ferments.

Sans l'accumulation de l'énergie potentielle, et sans la possibilité de sa transformation en chaleur, — sans cette chaleur, dont l'action décomposante agit sans doute d'une façon constante dans le protoplasma vivant, la vie ne saurait être imaginée.

Comment, d'accord avec la théorie mécanique de la chaleur, le mouvement des atomes dans les molécules d'albumine du protoplasma, qui se défont sans cesse et se reconstruisent par assimilation, se trouve constamment entretenu par la chaleur, et comment le processus fondamental de l'oxydation suit son cours dans les cellules végétales et animales, de sorte qu'il s'y accomplit le travail le plus hétérogène (courants liquides, électricité, contraction, sensation, division, différenciation, etc.), là-dessus plusieurs opinions sont assurément possibles : c'est à des recherches futures, expérimentales et théoriques, qu'il appartiendra de décider entre elles.

Toujours est-il qu'il ne faut pas exagérer la valeur du principe qui sert de point de départ. Il

n'est point nouveau ; il se rencontre déjà au contraire, comme l'enseigne l'histoire de la physiologie, chez les penseurs les plus remarquables de
l'antiquité. Ce qui est nouveau, c'est notre idée
de la nature de la chaleur, de la dépendance où
est toute vie à l'égard de la chaleur du soleil, et
de l'application des principes de la théorie mécanique de la chaleur aux phénomènes de la vie,
idée que les plus éminents physiologistes de notre
temps ont déjà poursuivie avec succès dans leurs
études. C'est pourquoi les premières théories de
l'*ignis animalis,* du feu considéré comme force
vitale, de la chaleur vitale innée (*calor innatus*),
etc., ne doivent être ni dédaignées ni désignées
comme d'inutiles rêveries ou des spéculations en
l'air. Quelque chose de vrai, en effet, était au fond
de ces théories qui ont suffi aux besoins des temps
où elles sont nées. Elles ont servi de travaux pré-
paratoires pour notre époque, de même que les
théories non achevées de nos jours ne sont que
des avant-courrières d'une future conception plus
générale de la vie.

Toutes les théories de la vie proposées jusqu'ici,
les plus récentes comme les plus anciennes, n'ont
eu si peu de succès que parce qu'elles devaient
expliquer trop de choses en partant constamment
d'un seul et unique principe choisi arbitrairement,
alors que, en réalité, la vie n'est pas le résultat
d'un seul processus, mais d'un nombre illimité de
processus, — de sorte que les hypothèses dualistes
et celles d'une triple et quadruple force vitale ont

été impuissantes à expliquer l'ensemble des phénomènes de la vie. Dans le plus simple des phénomènes de la nature inorganique, dans la chute d'une goutte d'eau par exemple, une longue série de processus doit s'accomplir (évaporation, condensation, formation de la goutte, etc.), et, pour l'expliquer, plus d'une force doit être invoquée (au moins une forme d'énergie actuelle et au moins une forme d'énergie potentielle).

Il n'y a d'ailleurs rien dans l'intelligence qui nous force, comme un besoin, à n'admettre qu'une seule et unique cause, attendu que la rencontre de circonstances différentes peut avoir un même effet, et qu'un seul et même phénomène peut arriver de façons tout à fait diverses. Et cependant chacune des théories de la vie jusqu'ici présentées, c'est-à-dire du processus précisément le plus complexe qu'il y ait, ne postule qu'une seule cause et toujours la même, ou un concours de deux, trois causes seulement, pour rendre intelligible la variété sans exemple des phénomènes organiques ! Tantôt ç'a été l'eau, tantôt l'air, puis la terre ou une matière indéterminée, puis le feu, l'éther, la force vitale, l'âme aussi et nombre d'esprits vitaux matériels et de principes psychiques, qui avaient la prétention d'être la cause primordiale de la vie ; récemment, ç'a été le carbone, l'albumine, la chaleur.

On le voit, faire dériver tous les phénomènes de la vie d'une seule cause unique, ou d'un petit nombre de facteurs, c'est déjà une erreur, parce

que même le plus simple des corps susceptibles
de vivre, le protoplasma, présente une série de
fonctions très diverses, et qui jusqu'à présent ne
sont pas dérivables les unes des autres. Il faut
commencer par étudier en soi ces phénomènes
particuliers de la vie, les fonctions physiologiques, et par les ramener, comme à leurs causes,
dans une série continue, à des phénomènes plus
simples. De même, les fonctions complexes
des animaux et des végétaux supérieurs doivent
d'abord être ramenées aux fonctions moins complexes du protoplasma, et celles-ci à des processus élémentaires physico-chimiques. Ce n'est
qu'alors qu'on peut discuter la question de savoir
si ces processus sont encore réductibles à un petit
nombre de causes, ou peut-être à une cause dernière.

Seule, une théorie de la vie qui commencera
par l'étude des fonctions, aura dans l'avenir quelque chance de durée. Les phénomènes particuliers de la vie doivent être d'abord découverts,
de même que la différentielle avant de pouvoir
être intégrée. L'analyse des fonctions doit précéder leur synthèse. Avant donc de rechercher une
cause de la vie, les causes des fonctions doivent
être trouvées. Si, aujourd'hui, la chaleur est
volontiers considérée comme le fondement de
toutes les fonctions physiologiques, il faut y voir
jusqu'ici du moins l'expression d'une tendance
heuristique des plus heureuses à tirer profit des
dernières conquêtes de la physique et de la chi-

mic théoriques, — mais c'est là une tendance qui satisfait moins les exigences sévères de la critique que l'imagination scientifique. Point de fondement, en effet, pour la théorie future de la vie, aussi longtemps que chaque fonction en particulier n'aura pas été ramenée à cette force comme à sa cause. Or la physiologie de notre temps en est encore très éloignée. C'est déjà un progrès cependant pour la physiologie que d'avoir devant soi un but, à la poursuite duquel elle ne peut que profiter.

CHAPITRE V

LES FONCTIONS DES CORPS VIVANTS

Le mot fonction a plus d'un sens : on parle,
par exemple, de fonctions logiques, de fonctions
chimiques, de fonctions publiques. Cette expression conserverait quelque ambiguïté, alors même
qu'on lui substituerait les mots *actio* et ἐνέργεια,
employés dans le même sens par les médecins et
les philosophes de l'antiquité. D'autres mots,
« activité », « travail », etc., n'expriment pas le
caractère essentiel de l'idée qu'il s'agit de rendre.
Bref, le mot « fonction » doit être conservé. Malgré l'usage très répandu de cette expression dans
beaucoup de sciences, aucun travail d'ensemble
sur les idées qu'il signifie n'a encore été fait. La
mathématique, habituée aux définitions précises,
a seule cherché à déterminer exactement ce
qu'elle entend par fonction. Aucune des autres
sciences, qui entendent autrement ce même mot,
et, moins qu'aucune autre discipline, la physiologie, dont les fonctions physiologiques sont
l'objet exclusif, n'a entrepris de se rendre compte
de ce concept fondamental.

Au sens le plus général du mot, *connexion de fonctions* ou *liaison fonctionnelle* signifie coordination des termes d'une série aux termes d'une autre série, de manière que, à chaque terme de la première, en corresponde un de la seconde. Un peu plus précise est l'idée de fonction quand ce mot signifie qu'une variable dépend d'une autre variable, de telle sorte que, deux variables étant ainsi liées entre elles, par un rapport de dépendance, si l'on donne à l'une une valeur, la valeur de l'autre se trouve déterminée. L'idée se précise encore davantage si l'on ajoute qu'avec le changement d'un terme, l'autre se modifie aussi régulièrement suivant une marche constante. Les nombreuses transformations qu'a subies l'idée mathématique de fonction, introduite pour la première fois au dix-septième siècle, montrent combien il est difficile de déterminer les rapports généraux de deux termes variables.

Le concept mathématique de fonction est, à la vérité, de la plus grande valeur pour la physiologie, comme instrument ou moyen de recherche et d'exposition des résultats obtenus ; mais on ne saurait l'employer pour établir la nature du concept de fonction physiologique.

Le concept de la fonction physiologique.

En physiologie, le sens du mot fonction est tout différent de celui qu'il a dans toutes les autres sciences. Il n'a de commun avec le concept mathémathique de ce mot que l'idée de dépendance. La fonction mathématique est une forme de coordination, la fonction physiologique est un processus, un changement matériel.

Pour toute fonction physiologique il faut : 1° un *substratum* (c'est lui qui fonctionne), c'est à savoir, un individu organique de quelque ordre ou degré qu'il soit, ou une partie d'un individu ; 2° un *objet*, c'est-à-dire un objet de la fonction, et 3° un *excitant* (*stimulus*).

L'objet et l'excitant de la fonction ne peuvent être séparés du substratum, tant qu'il fonctionne ou vit, sans que la fonction soit interrompue. La fonction physiologique est un événement, un fait, au cours duquel le substratum, aussi bien que l'objet, se modifient. Les modifications du substratum s'accomplissent donc de concert avec celles de l'objet, suivant des lois déterminées. Le but principal de la physiologie expérimentale est la découverte et l'explication de ces lois.

On ne saurait parler ici, au sens mathématique du mot, de variable dépendante et de variable indépendante, parce qu'il ne s'agit pas de deux valeurs, mais de modifications variées d'une part dans le substratum fonctionnant, d'autre part dans l'objet de la fonction, ainsi donc de processus matériels d'un côté comme de l'autre. Ces processus sont aussi absolument inconvertibles. La nutrition, par exemple, est une fonction des organes de la nutrition et s'effectue par des chan-

gements simultanés dans ces organes et dans la
nourriture, objet de la fonction. Dire que la
nutrition est une fonction de la nourriture, serait
une proposition dénuée de sens en physiologie.
De même, la respiration est une fonction des
poumons, et dépend de l'air, etc. Si l'on voulait
considérer les modifications de ces substrata
comme des variables indépendantes, et celles des
objets comme des variables dépendantes, alors
apparaîtrait clairement ce caractère d'inconver-
tibilité dont nous parlons (car la respiration n'est
pas fonction de l'air, etc.). Mais des considérations pseudo-mathématiques de ce genre sont
inadmissibles, parce que le substratum, regardé
ici comme une variable indépendante, dépend,
dès qu'il fonctionne, constamment de l'objet,
tandis que celui-ci n'en dépend pas. Les substances nutritives et l'air demeureraient ce qu'elles
sont s'il n'y avait pas d'organes de la nutrition et
de la respiration ; mais ceux-ci ne sauraient fonctionner sans air et sans substances nutritives.
Pourtant, les substrata ne sauraient non plus
être désignés comme variables dépendantes (au
sens mathématique du mot), parce que à la même
nourriture servent des organes de nutrition
infiniment variés, et au même air des appareils
de respiration extrêmement variés, tandis que la
fonction reste toujours identiquement la même.

La fonction physiologique est donc active de
la part du substratum, passive de la part de
l'objet.

L'histoire de l'idée physiologique de fonction recule à la vérité bien plus loin dans le temps que celle de l'idée qu'on attache au mot fonction en mathématique, mais elle témoigne bien moins de la pénétration du génie de l'homme. Ce que, longtemps déjà avant le développement de la physiologie expérimentale, on appelait l'« usage » d'un organe, est essentiellement la même chose, dans la plupart des cas, que ce qu'on appelle aujourd'hui sa « fonction ». L'idée de finalité, à peine séparable du mot *usus*, s'attache encore aujourd'hui trop souvent à l'idée de fonction physiologique, car beaucoup considèrent toute fonction physiologique comme si elle avait pour but la conservation de l'individu ou la conservation de l'espèce; c'est l'idée qu'ils s'en font. Mais il y a des fonctions absolument sans but, par exemple la croissance d'organes sans fonction, voire contraires au but, qui compromettent gravement la conservation de l'individu et celle de l'espèce. Des buts à atteindre, des fins à réaliser, sont choses aussi étrangères aux fonctions physiologiques qu'au mouvement planétaire, aux courants marins et aériens, etc. L'intrusion de la téléologie dans la physiologie a été bien plus funeste qu'utile, et a longtemps empêché de prendre pour base l'idée physique de force avec une explication des phénomènes empruntée aux causes purement efficientes. L'affirmation d'un but, d'une finalité, est elle-même une fonction du cerveau, un processus cérébral qu'il reste à expliquer.

L'ancienne distinction de *dynamis* ou *facultas* et d'énergie ou *actio* (= *functio*), ne correspond nullement aux idées actuelles de force potentielle et actuelle (vivante ou cinétique). La première expression correspond souvent au mot faculté, par exemple à ce que les psychologues appellent « facultés de l'âme », et par conséquent à des dispositions très complexes dérivées, après une longue évolution, de fonctions simples; d'autres fois elle a le sens d'«excitabilité» ou «irritabilité», et de « capacité fonctionnelle ». Mais, comme le galénisme admettait autant de facultés que de fonctions, sans écarter l'objection qu'avec une fonction il en existe d'autres en même temps qui en dépendent, cette idée de faculté, après avoir duré un grand nombre de siècles, ne pouvait être encore conservée au sens de fonction potentielle ou en puissance. Les fonctions principales étaient bien distinguées des fonctions accessoires, mais la manière dont les dernières dépendent des premières n'était pas appréciée. Jusqu'à notre temps on croyait avoir beaucoup fait si l'on maintenait le principe, que les fonctions doivent toujours être déterminées par la nature des parties qui fonctionnent, tandis qu'en réalité la nature de l'objet d'une fonction et le mode de son stimulus entrent également en considération.

La structure du substratum fonctionnant ne

déterminc qu'en partie la nature de la fonction, car des appareils équivalents au sens morphologique peuvent posséder des fonctions très dissemblables, de même qu'une seule et même machine inorganique peut exécuter des travaux très différents ; et, d'autre part, il y a des substrata très dissemblables qui sont doués de fonctions identiques, de même encore que des machines tout à fait différentes peuvent accomplir le même travail.

Une *physiologie topographique*, qui considère les fonctions d'après les substrata, et a réponse à la question : Quelle fonction a appartenu et appartient à chaque partie de l'organisme ? démontre que, moins un substratum est développé, plus il possèds à la fois de fonctions fondamentales, et que des substrata doués d'une seule fonction ne se montrent qu'avec les progrès d'une différenciation avancée ; — ou, ce qui revient au même, que plusieurs fonctions, à un degré inférieur de développement, n'ont qu'un substratum commun, et que ce n'est qu'à un degré supérieur de développement qu'une fonction se trouve avoir un substratum qui lui appartienne en propre.

En général, ce n'est pas la fonction qui, à l'origine, est déterminée par la structure du substratum, mais bien la structure du substratum par la fonction.

Une condition générale pour la manifestation d'une fonction physiologique, c'est que ce qui est apte à fonctionner, c'est-à-dire apte à vivre, soit modifié par des changements extérieurs (n'ayant pas seulement lieu dans le substratum apte à fonctionner), par des *excitants* (*stimuli*). C'est ainsi qu'à l'origine, en vertu de cette action réciproque, les formes organiques ont pu se développer immédiatement du protoplasma avec leurs propriétés physiologiques. Ces propriétés sont les plus simples fonctions physiologiques, dont la somme totale constitue la vie. Quand le substratum, sous l'action de causes extérieures variées, ne suffit plus à la fonction, il se transforme progressivement (de sorte que, on le voit, les appareils et les agrégats organiques dépendent en fait des fonctions), ou bien les êtres vivants, ainsi affectés, abandonnent les lieux qu'ils habitent, et émigrent dans les contrées où existent les conditions extérieures qui leur sont habituelles, ou bien, enfin, la fonction s'éteint et cesse d'être.

Mais, si une partie d'un organisme, au milieu de circonstances extérieures variées, a longtemps exercé et conservé une fonction déterminée, elle réagit alors de la même manière contre toutes les excitations, et ne peut plus, si ce n'est d'une façon tout à fait imparfaite, s'acquitter d'une autre fonction. C'est cette propriété qu'on appelle *énergie spécifique*. Ainsi, avec une différenciation progressive avancée, mais seulement alors, la fonction dépend entièrement du substratum.

La différence essentielle qui distingue la fonction physiologique ou l'événement organique, des mouvements inorganiques ou des fonctions d'une machine, peut donc se formuler ainsi : l'appareil en fonction *se développe* chez les êtres vivants, il ne se développe pas dans les machines. Les corps et les appareils inorganiques naissent l'un après l'autre, les corps et les appareils organiques naissent les uns des autres. Les premiers s'usent pendant qu'ils travaillent, sans se réparer et se renouveler; les seconds s'usent bien également, mais ils se réparent, se renouvellent et se transforment, quand le travail change. Lorsqu'au cours d'une longue évolution, ceux-ci ont acquis un développement spécial, qui ne convient qu'à une sorte de travail, mais qui y convient parfaitement, alors ils ne peuvent plus, ou à peine, accomplir encore un autre travail, et ils ne se réparent et ne se renouvellent que dans une direction, dans celle qui est déterminée par le caractère spécial qu'ils ont acquis.

Les conditions fondamentales de toute fonction physiologique.

Dans tout cas qui peut se présenter, il y a trois choses à distinguer :

I. — Il doit exister, comme *substratum* nécessaire *de la fonction*, quelque chose de matériel, quelque chose d'absolument essentiel pour la fonction, dont le défaut, sans rien qui y supplée, supprime aussitôt la fonction, alors même que tout le reste demeure intact : l'*appareil fonctionnant*. Chez les animaux supérieurs, par exemple, le système vasculaire pour la circulation des liquides, les organes de la respiration pour la ventilation, l'estomac et l'intestin, etc., pour l'assimilation, les glandes pour la sécrétion, des foyers de combustion pour la combustion, des organes des sens pour la sensation.

II. — Il doit exister, comme *objet* nécessaire *de la fonction*, quelque chose de matériel, quelque chose d'absolument essentiel pour la fonction, dont le défaut, sans rien qui y supplée, supprime aussitôt la fonction, alors même que tout le reste demeure intact. Ainsi, par exemple, les courants exigent quelque chose de liquide, la ventilation quelque chose de gazeux, le manger quelque chose de mangeable, la combustion quelque chose de combustible, l'activité des sens quelque chose de perceptible. Cet objet matériel de la fonction est toujours passif en regard de I.

III. — Sous l'action d'une influence externe, d'un *stimulus*, c'est-à-dire en vertu du processus de l'*excitation*, le rapport réciproque de I et II a lieu, et, par conséquent, la fonction. L'excitation du cœur, par exemple, et d'autres parties de l'appareil circulatoire, rend possible le cours du sang ; l'excitation du centre de la repiration (de l'appareil respiratoire), l'échange de gaz ; les appareils d'assimilation, excités par la nourriture elle-même, rendent possible la nutrition, comme l'excitation des glandes la sécrétion, l'excitation des organes des sens, la sensation.

Aucune fonction n'a lieu si I, ou II, ou III fait défaut. Une comparaison simple explique bien cette nécessité : le moulin à vent (le substratum) ne peut travailler, si la force impulsive du vent fait défaut, l'excitant, pour ainsi dire ; les grains de blé, l'objet de la fonction, demeurent alors sans changement, non moulus, entre les meules ; mais que le vent s'élève et amène la force nécessaire, la meule commence à tourner, et alors ce n'est plus seulement le grain qui éprouve des modifications, qui est moulu, c'est aussi la meule dont la masse se modifie, qui s'échauffe et s'use. De même pour les fonctions physiologiques. Si aucun stimulus n'agit sur le substratum, la fonction n'a pas lieu ; l'excitation se produit-elle, alors l'objet et le substratum se modifient.

Il y a donc, pour toute fonction, trois choses à mettre en lumière : le substratum, l'objet et le stimulus, c'est-à-dire les conditions fondamentales de la fonction.

De même que, pour l'ensemble des fonctions physiologiques qu'on nomme la vie, certaines conditions externes et internes, que l'observation et l'expérience découvrent, doivent être remplies, — de même aussi pour chaque fonction en particulier.

Lorsque toutes les conditions d'une fonction

physiologique sont entièrement connues, cette fonction l'est elle-même complétement.

Mais, pour aucune fonction, les conditions fondamentales ne sauraient être jusqu'ici indiquées complétement.

Une partie essentielle de la physiologie consiste précisément dans la détermination de l'objet et du substratum de chaque fonction; or la détermination exacte de ces deux concepts, sans lesquels on ne peut concevoir aucune fonction, n'est point fixée d'une manière définitive pour chaque cas particulier.

Aucune fonction physiologique n'est si simple qu'on puisse la considérer comme la résultante de deux facteurs variables seulement. L'analyse physiologique consiste à découvrir tous les processus les plus simples qui rendent possible la fonction physiologique. La découverte des parties *anatomiquement séparées*, nécessaires pour l'accomplissement d'une fonction, et *physiologiquement unies*, trouve dans l'anatomie comparée et l'embryologie, ainsi que dans l'anatomie pathologique, un secours essentiel, mais souvent aussi une difficulté de plus. En somme, en procédant avec précaution par voie d'exclusion, l'expérience doit souvent être appelée à décider en dernier ressort.

On doit particulièrement noter qu'après avoir établi quelles sont les parties qui agissent de concert, au sens morphologique, il faut pousser aussi loin que possible *l'analyse morphologique*; ce n'est qu'alors que doit commencer l'analyse chimique des parties morphologiquement séparées. Car une analyse chimique d'un organe tout entier, par exemple, n'a, à cause de la diversité chimique considérable des parties qui le constituent, que peu de valeur pour la découverte des processus chimiques nécessaires à la manifestation d'une fonction.

Une fois que les éléments *chimiques* et les modes de combinaisons de ces éléments dans les substrata et dans leurs objets sont exactement connus, un grand pas est fait pour l'intelligence de la fonction; toutefois, il s'en faut encore beaucoup que le rapport immédiat existant entre le changement *fonctionnel* et ces éléments soit connu.

Il convient d'en dire autant des processus *physiques* qui accompagnent constamment, dans toute fonction, les modifications chimiques. Tant qu'on ne connait point de rapport régulier entre ces processus et les changements fonctionnels, ce n'est que dans d'étroites limites, et en quelque sorte sous réserve, qu'ils peuvent prétendre de jouer un rôle physiologique. C'est particulièrement le cas pour un grand nombre de phénomènes électriques manifestés par des animaux et par des végétaux.

Si, par exemple, on connaissait les modifications chimiques et électriques qui ont lieu dans la fibre musculaire lorsqu'elle se contracte, sa fonction — la contraction de ses parties contractibles — ne serait point déjà pour cela expliquée. De même, une connaissance aussi exacte que possible des processus chimiques et des modifications physiques de l'œuf fécondé ne nous expliquerait point ce qu'est en soi l'embryogenèse. Dans les deux cas, les explications seraient trouvées, si les processus chimiques et physiques essentiels, sans lesquels la fonction n'existe point, étaient séparés des processus non essentiels qui les accompagnent, et si la fonction était reconnue comme une conséquence nécessaire de ces processus essentiels.

Irritant et irritabilité.

On nomme *irritants* (*stimuli*) certaines modifications qui, en s'accomplissant avec une certaine vitesse, peuvent provoquer des changements d'état dans les corps qu'elles atteignent et qui se trouvent dans un équilibre instable. Si la vitesse du changement et sa quantité sont très petites, alors le trouble de l'équilibre instable n'a pas lieu : le quantum d'intensité du stimulus qu'on nomme le *seuil de l'excitation*, ou le *seuil* (*Schwelle*), n'est pas atteint ; l'excitation reste *au-dessous du seuil*, elle est *subliminale*, et le changement d'état n'a pas lieu, parce qu'aucune transformation suffisante d'énergie potentielle en énergie cinétique n'a eu lieu.

Ces définitions valent en général pour toutes les espèces d'excitation, par exemple pour les changements d'intensité d'un courant électrique, de pression, de desséchement, de refroidissement et d'échauffement, de décomposition chimique, et pour les ondulations de l'air et de l'éther.

En outre, on peut dire de tous les excitants (*stimuli*), qu'ils possèdent une limite supérieure d'intensité, car les deux termes de cette intensité, dans les limites desquels a lieu le changement, ne doivent pas être trop éloignés l'un de l'autre; autrement, le corps sur lequel agit l'irritant serait lésé d'une façon durable ou détruit.

Appliqué aux corps vivants, ces principes prennent une forme plus précise. Chez ceux-ci, en effet, la modification causée par un irritant consiste toujours, soit dans la mise en activité, soit dans l'arrêt, soit dans le changement d'une fonction, si toutefois la partie excitée est excitable et ne se trouve pas dans un état d'équilibre stable.

Irritabilité, *incitabilité*, *excitabilité* (et aussi, en maints cas, *sensibilité*), sont des expressions qui ne se rapportent qu'aux corps vivants et à leur propriété de fonctionner. Toutes les fois qu'un corps vivant est apte à fonctionner, il est excitable. Les idées d'*aptitude fonctionnelle* et d'*excitabilité* ne sont pourtant pas identiques. En effet, des tissus organiques rudimentaires qui ont perdu leur fonction sont encore excitables, en ce sens qu'un changement peut être produit en eux par le fait d'une excitation, et que, par la répétition de cette excitation, leur fonction peut même être restituée.

A s'en tenir aux définitions verbales, le rapport de la force (au sens physique du mot) au mouvement, est très semblable au rapport du stimulus (au sens physiologique) à la fonction. On appelle force, en effet, ce qui transforme le repos en mouvement, ce qui change la direction d'un mouvement, ou l'arrête. Le stimulus est ce qui provoque la mise en activité d'une fonction, ou modifie le cours d'une fonction, ou l'arrête. Mais, en réalité, les excitants sont quelque chose d'autre que les forces, et toute fonction n'est pas nécessairement un mouvement. La fonction d'éprouver des sensations, quoiqu'elle soit nécessairement accompagnée de changements matériels, c'est-à-dire de mouvements, ne peut pas être elle-même un mouvement. En tout cas, il n'est pas permis d'admettre que les changements de la pure sensation simple auraient lieu dans l'espace ; ils n'ont lieu que dans le temps. Aussi, pour désigner l'ensemble de toutes les fonctions provoquées par des excitants *(stimuli)* — aussi bien celles qui sont des mouvements que celles qui n'en sont pas, — pour le désigner d'un mot qui ne préjuge rien, on nomme *excitation* la suite ou le résultat immédiat d'une stimulation, et, au lieu d'*irritabilité*, on dit *excitabilité* pour désigner la propriété que possèdent les corps vivants en repos d'entrer en fonction sous l'influence des excitants *(stimuli)*, ou, lorsqu'ils fonction-

nent, d'être arrêtés ou modifiés dans leur activité par des excitants *(stimuli)*.

Voici encore une considération qui montre
bien que stimulus et force ne sont point la même
chose. Chez un corps inorganique, c'est la force
d'inertie, la résistance passive, la masse, qui détermine le mode suivant lequel il réagit contre la
force qui agit sur lui, dans l'hypothèse d'une
certaine accélération de mouvement; chez un
corps vivant, au contraire, un grand nombre de
facteurs agissent de concert : ce sont eux qui
déterminent chez ce corps l'état d'excitabilité et
la manière dont il réagit contre la force qui agit
sur lui. Il se peut faire qu'une telle force soit un
excitant, mais il s'en faut de beaucoup que toute
force soit un excitant ; celle-là seule en est un qui
modifie l'équilibre organique instable. Sans cet
équilibre instable, le dégagement et la transformation de forces caractéristiques de l'excitation
ne peuvent avoir lieu. Qu'on lance en l'air, par
exemple, un poisson vivant : le mouvement de
l'animal n'est pas la conséquence d'une transformation de ce genre accomplie en lui; la force,
qui le met en mouvement, n'est pas un excitant,
et le mouvement ne diffère pas de celui qui pourrait projeter un poisson mort, partant, cette force
n'est pas objet d'étude physiologique. Que quelque forme d'énergie actuelle se manifeste dans
toute excitation comme premier effet, cela est
certain. Si l'on donne le nom d'*excitant* aux
actions chimiques, aux actions de contact, aux

chocs de décharge électrique, aux températures, on s'exprime mal. Dans tous les cas, l'application de l'excitant à la partie excitable, en d'autres termes le phénomène de l'excitation, est lié au transfert de l'énergie actuelle à cette partie, alors même que l'effet final, le résultat final de l'excitation, n'est point un mouvement, mais l'arrêt d'un mouvement ou une sensation.

Les notions d'*équilibre* et de *mouvement* en mécanique, et celles d'*excitabilité* et d'*excitation* en physiologie se correspondent de la manière suivante :

Équilibre stable :	Inexcitabilité.
Équilibre instable :	Excitabilité.
Mouvement :	Excitation.
Accélération du mouvement :	Croissance de l'excitation.
Équilibre stable devenu instable :	Anabiose.
Augmentation de l'équilibre instable :	Croissance de l'excitabilité.
Dégagement et transformation des forces :	Stimulation efficace.

L'état d'excitabilité est comparable à l'état d'explosibilité des produits chimiques explosifs. Là aussi, par l'effet d'un dégagement et d'une transformation de force, un équilibre instable passe à l'état d'équilibre moins instable. L'écart de quelques molécules du point de stabilité peut devenir si grand que l'explosion a lieu, même sans contact ni échauffement de source extérieure, par l'effet d'ébranlements insensibles et d'une élévation intramoléculaire de la température, — phénomène correspondant aux mouvements dits spontanés ou automatiques, qui se produisent sans excitation appréciable dans l'organisme vivant. Plus facilement une combinaison chimique simple, telle que l'iodure d'azote ou le chlorure d'azote fait explosion, plus grand est le trébuchement d'une balance sensible chargée d'un poids minime, et plus grandes sont leur « excitabilité », leur sensibilité. L'explosion, l'oscillation du fléau de la balance, correspondent à l'excitation. La différence essentielle entre l'explosibilité et l'excitabilité consiste en ce que les êtres vivants, après le dégagement et la transformation de forces provoqués par l'excitation, peuvent se régénérer, si bien que la même excitation est bientôt suivie du même effet, tandis que les substances explosives sont, après l'explosion, totalement détruites.

De la plus grande importance pour l'étude expérimentale des fonctions sont donc les modifications de l'excitation et de l'excitabilité, et, en première ligne, celles qui sont dues à la préparation artificielle d'un tissu vivant qu'on se propose d'examiner en vue de son excitation. Si, par exemple, un nerf est préparé ou seulement mis à nu sur une étendue limitée, son excitabilité s'altère déjà, et si l'on sépare du corps des muscles entiers avec leurs nerfs, et que, sur ces préparations entrées dans le « stade de survie », essentiellement modifiées, ne vivant plus d'une vie normale, on constate ou on provoque des phénomènes d'excitabilité, — il est de tous points inadmissible de transporter ce que l'on constate alors à un muscle normalement nourri et aux nerfs d'un organisme intact. La physiologie moderne a souvent été induite en erreur par les phénomènes variés qui se manifestent dans les expériences de ce genre, et elle a souvent été ainsi détournée de l'observation directe des tissus vivants non lésés.

Enfin, il ne faut jamais perdre de vue, dans ces expériences sur l'excitabilité des tissus, que si le résultat attendu d'une excitation fait défaut, la cause en peut être attribuée (abstraction faite d'une insuffisance d'intensité de l'excitant) soit à une paralysie fonctionnelle déterminée par un excès d'excitation, soit à une action d'arrêt simultanée. Chez les animaux supérieurs, les nerfs d'arrêt se trouvent très répandus et dans un rapport étroit avec les appareils de mouvement. Quand une excitation a lieu, *quatre* cas sont possibles, et, comme on le voit par l'aperçu suivant, le résultat peut être *trois* fois négatif et seulement *deux* fois positif.

Appareil d'arrêt.	Appareil de mouvement.	Résultat de l'excitation.
1. Inexcité.	Excité.	Mouvement.
2. Excité.	Excité. . . .	α ou mouvement. / β ou repos.
3. Excité.	Inexcité.	Repos.
4. Inexcité.	Inexcité.	Repos.

Le cas 1 a toujours lieu lorsque, avec une intensité d'excitation suffisante, les appareils d'arrêt font défaut, ou ne sont pas encore développés, ou ne participent pas à l'excitation. Le cas 2 α a lieu lorsque l'appareil d'arrêt, tout en participant à l'excitation, est très faiblement excité au regard de l'excitation de l'appareil moteur.

Le cas 2 β se produit lorsque deux excitations ont la même intensité ou que celle de l'appareil d'arrêt prédomine. Le cas 3 a lieu lorsque l'appareil d'arrêt est seul excité, parce que l'appareil moteur n'est pas atteint par l'excitation ou se trouve paralysé. Enfin le cas 4 a lieu lorsque les deux sortes d'appareils ou ne sont pas excités avec une intensité suffisante, ou (peut-être par la surexcitation) sont paralysés.

Un exemple pouvant servir à bien faire comprendre ces quatre cas possibles, nous est offert par le centre de la respiration des vertébrés supérieurs, où l'appareil moteur est représenté par le centre de l'inspiration, l'appareil d'arrêt par le centre de l'expiration.

Origine des fonctions physiologiques.

La question de l'origine des fonctions fondamentales des corps vivants les plus simples, par exemple du protoplasma, va de compagnie avec celle de l'origine de la vie. Les courants liquides, l'échange des gaz, l'assimilation et la désassimilation, ou nutrition, la production de chaleur, le mouvement, la croissance, en un mot toutes les fonctions du protoplasma, voilà les faits primordiaux qui se présentent lorsqu'on veut es-

sayer de faire dériver les fonctions complexes de
la vie de processus physico-chimiques relativement simples. Pour cette dérivation, une *variabilité* primitive des corps vivants est essentielle,
ainsi que l'action d'*excitants* variés sur ces corps,
et la *persistance* durable des modifications produites par ces excitations, lorsqu'elles ont souvent été répétées de la même manière, de sorte
que les corps vivants nouvellement formés naissent, en somme, essentiellement modifiés, c'est-
à-dire présentant des variations, et pourtant
moins variables.

La variabilité s'étend à toutes les propriétés
des corps vivants, mais surtout à leurs formes.
Lorsqu'une partie d'un corps protoplasmique
s'est très souvent contractée dans une même direction, de la même manière, et par l'effet d'un
excitant toujours le même, ses tagmes impres-
sionnables, comme par une sorte d'exercice ou
de dressage, finissent par se contracter plus facilement suivant leur mode habituel, que d'une
autre manière ou dans une autre direction quelconque, sous l'influence d'autres excitations. A ce
moment, *le protoplasma est déjà modifié dans sa
structure et ses fonctions, et pourtant moins variable : il est différencié.* Des membranes contractiles, des fibres, des vacuoles, se sont formés,
et ainsi a commencé une *localisation des fonctions.* Ce qui, auparavant, se trouvait accompli
de la même manière par chaque partie du protoplasma, n'est maintenant accompli, d'une manière

plus parfaite, que par une partie ou par quelques parties seulement, alors que les autres parties ou bien ne sont pas encore différenciées, ou se sont différenciées d'une manière différente sous l'action d'autres excitants.

Si maintenant un tel être, déjà en partie différencié, croît et se développe, s'il se reproduit par segmentation, par bourgeonnement ou autrement, les parties résultant de cette division, les nouveaux êtres ainsi produits, portent déjà avec eux des traces de différenciation ; après une fréquente répétition de ce mode de reproduction, ces êtres possèdent déjà en naissant, grâce à une habitude continue des mêmes excitants, quelques fonctions localisées. Ces fonctions, qui se sont montrées utiles (puisque les êtres qui les possèdent ont persisté pendant une longue durée), et qui se sont manifestées par conséquent au cours de nombreuses générations, s'appellent *héréditaires*, héritées, en opposition avec celles qu'un individu nous montre sans que ses ancêtres les aient possédées, et qu'on appelle pour cette raison *fonctions acquises*. En somme, toutes ces fonctions secondaires, dérivées, complexes, sont des fonctions acquises, mais elles ne peuvent toutes devenir héréditaires. Il n'est point permis de généraliser le principe, que des fonctions acquises peuvent devenir héréditaires. Il n'est pas rare non plus que de nouvelles fonctions apparaissent, qui ne peuvent être rapportées ni aux propriétés héréditaires ni aux conditions extérieures, et semblent, provisoirement, incompréhensibles.

Lorsqu'un être déjà en partie différencié se trouve dans d'autres conditions de vie, lorsqu'il vient à être exposé à d'autres excitants, alors, grâce à la variabilité conservée, il subit une autre différenciation. S'il s'adapte à son nouveau milieu, autant que possible, d'une part ses fonctions se compliquent, de l'autre elles se réduisent, et il en manifeste même de tout à fait nouvelles, encore qu'on les puisse toujours reconnaître comme des modifications des fonctions fondamentales originelles. C'est ainsi, par exemple, que les actes compliqués de la mastication et de la déglutition, rentrent bien dans la notion générale et primitive de la fonction consistant à absorber des matières étrangères, — et que l'ensemble des processus psychiques (des fonctions du cerveau) rentre dans les notions primitives de sensation et de mouvement, sur lesquelles tous ces processus reposent en dernière analyse.

La tentative de faire dériver ces fonctions, et toutes les autres fonctions supérieures ou complexes, de quelques fonctions primitives, serait pourtant demeurée impraticable, si la considération des rapports que les êtres vivants ont entre eux n'avait mis en lumière un grand nombre de faits qui permettent de reconnaître dans la *division physiologique du travail* un facteur essentiel pour l'intelligence de la variété des fonctions. A la localisation des fonctions est liée

l'organogenèse, conséquence de la différenciation : elle est la traduction morphologique de la
division du travail.

La division du travail est le corrélatif physiologique du processus purement morphologique
de la différenciation. Mais cette différenciation
morphologique va de concert avec une différenciation chimique. C'est ainsi, par exemple, que
le jeune tissu musculaire renferme d'autres substances que l'ancien. La jeune cellulose présente
d'autres phénomènes chimiques que l'ancienne.

Ce changement chimique, qui accompagne la
différenciation morphologique, accompagne aussi
et détermine la division physiologique du travail.

La division physiologique du travail.

De ce fait bien constaté, que tous les êtres
vivants ont en commun quelques propriétés fondamentales, et que la vie de tous est liée à certaines conditions externes immédiates, telles
que l'air, l'eau, et la nourriture, il résulte que,
partout où un grand nombre d'êtres vivants
existent en même temps, l'un porte nécessairement préjudice à l'autre, — parce que tous ont
en partie besoin des mêmes objets, parce que
leur activité vitale suppose les mêmes conditions, comme l'absorption de l'air, de l'eau et
de la nourriture, et qu'avec un rapide accroissement du nombre des individus vivants, ces

choses nécessaires à la vie deviennent rares et insuffisantes. Ainsi naît une concurrence qui déjà, là où deux êtres seulement existent ensemble, doit se faire sentir ; cette concurrence, elle éclate partout, quand ce ne serait que dans la revendication d'un lieu préféré, d'une place au soleil, tantôt avec plus de chaleur et de lumière, tantôt avec plus d'ombre et de fraîcheur.

C'est ce fait général de la *concurrence de tous les êtres vivants les uns avec les autres pour les conditions de la vie*, qui conduit à la division physiologique du travail, et, par là, à la divergence des formes. Si tous les êtres devaient en même temps et dans un même lieu, accomplir les mêmes fonctions, et satisfaire de la même manière les mêmes besoins, en d'autres termes, si les fonctions de tous les êtres s'exécutaient d'une manière identique, il serait alors impossible qu'un si grand nombre d'êtres existassent en même temps, comme ils existent en fait. Par exemple, si l'air atmosphérique absorbé dans l'eau était seul respiré, il n'y aurait point d'animaux à respiration pulmonaire. Si l'air dissous dans l'eau était rapidement consommé dans un lieu particulièrement peuplé d'animaux, les êtres qui peuvent vivre un certain temps sans absorber d'oxygène auraient l'avantage, et plus encore ceux auxquels réussirait l'essai de respirer hors de l'eau. Plus cette tentative se répéterait souvent, sous l'empire de de la nécessité, par suite de l'absence d'oxygène dissous dans l'eau, plus la peau, ou la vessie natatoire, ou quelque partie que ce soit, propre à l'absorption du gaz oxygène atmosphérique , à titre de poumon provisoire (à peu près comme l'intestin de la loche des étangs) , exerceraient une influence régressive sur les fonctions des branchies.

C'est ainsi que, par la division du travail, les fonctions primitives peuvent être modifiées, et que de nouvelles fonctions plus complexes en peuvent sortir. Que ces nouvelles fonctions ne disparaissent pas chaque fois avec les êtres qui les possédaient, c'est ce qu'explique l'*hérédité*, car dans la concurrence générale des êtres, ceux qui l'emportent par les avantages de leur structure et qui sont le plus favorisés par les circonstances extérieures , subsistent et persistent plus longtemps, ils sont plus aptes à l'existence que les autres, de sorte que leurs fonctions nouvellement acquises s'affermissent et se fixent, et qu'ils peuvent les transmettre plus facilement, au moins sous forme de dispositions organiques, à leurs descendants. C'est là ce qui, d'après le darwinisme, contitue l'essence même de la sélection naturelle.

Dans cette division du travail qui reconnaît pour cause la concurrence vitale , la *régression* de fonctions déjà existantes, alors que de nouvelles fonctions partielles se développent, présente un intérêt tout particulier. Dans les cavernes, le sens de la vue, par exemple, se perd, tandis que le sens du tact s'affine. Les excitants font défaut au premier de ces sens ; ils s'offrent en grand nombre au second.

On peut en dire autant de toutes les fonctions de tous les êtres vivants, à quelque degré qu'ils soient placés sur l'échelle des êtres. Toute fonction subsiste et persiste aussi longtemps qu'elle ne manque pas d'excitants, tant que le substratum et l'objet ne font point défaut, et que leur état habituel n'est pas essentiellement altéré. La modification organique provoquée par la concurrence, — que ce soit l'excitant qui fasse défaut, qu'il y ait lésion du substratum ou changement essentiel de l'objet de la fonction, — amène, au contraire, très facilement la perte d'une fonction, par atrophie, anesthésie, acinésie, tandis qu'une autre fonction prend un développement d'autant plus grand. Ce développement d'une fonction aux dépens d'une autre peut même atteindre un degré préjudiciable pour elle-même, mener à une exaltation ou à une dégénération morbide des fonctions, par exemple à une hypertrophie, à une hyperesthésie, à une hypercinésie.

Des hyperplasies dégénératives aussi bien que des tissus atrophiés, rudimentaires et privés de fonctions, naissent ainsi par le fait de l'*interférence fonctionnelle*. Grâce à celle-ci, en effet, dont l'action est à la fois accélératrice et retardatrice, un certain nombre de fonctions, qui étaient favorables à l'individu vivant, en assurant, au milieu de certaines circonstances extérieures, le cours normal et l'entretien de toutes ses fonctions vitales, doivent nécessairement devenir inutiles, nuisibles et mortelles, au milieu de nouvelles circonstances extérieures. Une différenciation partielle, en particulier, qui suppose des conditions d'existence tout à fait spéciales, comme dans le parasitisme, par exemple, est désavantageuse en regard d'une différenciation étendue, avec le plus grand reste possible de variabilité primitive, relativement à l'accommodation de l'organisme à de nouvelles conditions.

Aussi bien, l'effet de la concurrence s'étend aux individus de tout degré, et peut même être étendu aussi à la nature inorganique, en tant que l'impénétrabilité de la matière et sa force d'inertie peuvent être considérées comme un moyen de conserver aux corps inorganiques leur place dans l'espace, et par conséquent leur existence, et que l'équilibre stable met fin au conflit des forces jusqu'à une prochaine rupture d'équilibre. Les processus chimiques aussi peuvent être considérés comme des phénomènes de concurrence pour la saturation la plus complète et la plus rapide possible des libres affinités des corps, — si bien qu'il est permis de parler d'une *lutte pour l'existence des molécules dans les cellules vivantes*. Les cellules, à leur tour, sont également en concurrence les unes avec les autres, et cela aussi longtemps qu'elles vivent; les tissus, les organes, le sont aussi entre eux dans l'organisme; puis les organismes; et, non moins qu'eux tous, les couples, les familles et les États.

Deux conséquences de cette concurrence générale sont surtout importantes au point de vue physiologique : l'une est la nécessité de la terminaison de la vie, ou de la mort, de tout individu (parce qu'il est éliminé par d'autres plus jeunes); l'autre est la nécessité de l'existence en commun de plusieurs, pour permettre aux fonctions de se développer. Ce qui est capable de prendre part à la concurrence générale est seul capable de vivre, d'exercer ses fonctions.

Quant au premier point, c'est un fait capital que bien plus d'œufs et de rejetons sont créés qu'il n'en peut arriver à maturité. Mais, alors même que tout ce qui est produit par la génération pourrait, dans les circonstances les plus favorables, vieillir, la plupart des êtres devraient déjà périr par suite du manque de place à la surface de la terre. C'est l'espace limité, en effet, qui, s'opposant à un accroissement illimité des êtres, augmente l'intensité des conflits et des collisions, de sorte que finalement les individus peu favorisés sont repoussés, écrasés et détruits.

Pour ce qui est du second point, il est clair que, sans concurrence, toute différenciation serait impossible. L'être à qui personne ne dispute sa nourriture, n'a pas besoin de travailler pour se la procurer, et, là où aucun travail n'est nécessaire, il ne peut exister aucune division du travail. Ainsi la fonction fondamentale de l'alimentation active dépend déjà de l'existence en commun de plusieurs, qui se partagent la nourriture disponible. L'être qui ne peut en prendre sa part comme concurrent, n'est pas propre à la vie, n'est pas capable d'exister. Celui qui prend part à ce partage, se conserve et subsiste, sans que sa propre conservation soit cependant la fin poursuivie : elle n'est que la conséquence de la concurrence vitale.

De la constance des fonctions avec changement du substratum.

Lorsque, dans la concurrence générale que présente la nature, un groupe d'êtres vivants, très diversement différenciés par l'interférence ininterrompue de leurs fonctions, peuvent subsister les uns à côté des autres, comme des vainqueurs, pour ainsi dire, dans la lutte pour l'existence, ayant survécu à tous les autres êtres moins favorablement différenciés, moins bien adaptés au milieu, et cela par un procédé de sélection comparable à la sélection artificielle , — par la sélection naturelle, — alors se produit un état qu'on désigne très bien du nom de *compromis*.

Grâce à la division avancée du travail à laquelle il est parvenu, c'est-à-dire à la localisation de ses fonctions complexes, chacun de ces individus peut vivre en bonne harmonie avec tout autre dans son voisinage pendant un certain temps, voire pendant un très long espace de temps si les conditions extérieures demeurent constantes, sans que, jusqu'à un certain degré, ses fonctions éprouvent aucun trouble, et cela parce qu'il n'est pas différencié de la même manière que les autres, parce que la complexité et la localisation de ses fonctions sont différentes, et que ses conditions d'existence s'écartent un peu de celles du voisin. C'est de tels compromis qu'est né tout organisme. L'existence d'êtres différents les uns à côté des autres, la dépendance réciproque des plantes et des animaux, des animaux supérieurs et des animaux inférieurs, doivent être expliquées par une sorte de compromis. L'un faisant en quelque sorte des concessions à l'autre, est demeuré lui-même capable d'exister, c'est-à-dire capable d'accomplir ses fonctions. Voilà comment les mêmes formes organiques ont pu vivre des siècles en commun en demeurant identiques à elles-mêmes, les conditions restant les mêmes.

Aux plus remarquables phénomènes de la vie appartient la *substitution*, soit progressive, soit subite, d'un appareil organique par un autre, sans changement de la nature de la fonction, substitution qui a lieu en un grand nombre de cas. La fonction de la respiration en présente un exemple bien instructif.

Après avoir pendant longtemps absorbé l'oxygène dissous dans l'eau ambiante, et aussi les bulles d'air de la surface de l'eau, exclusivement par la peau et les branchies, ou par la peau, les branchies et l'intestin, alors que leurs poumons, encore peu développés, sont sans fonction, les larves d'amphibie quittent l'eau par intervalles et respirent, dans l'air atmosphérique, par leur peau et par leurs poumons, ou par leur peau, leurs poumons et leur intestin ; bientôt elles ne sont plus capables d'absorber l'oxygène au moyen de leurs branchies, parce que celles-ci, en regard de l'absorption incomparablement plus riche d'oxygène par les poumons, d'abord moins utiles, cessent à la fin de fonctionner et s'atrophient. Le poumon se substitue donc aux branchies, et seulement lorsque la nature de l'air à respirer (de l'objet de la fonction) s'est changée. Empêche-t-on ce changement par un artifice, en tenant constamment sous l'eau les larves (de salamandre terrestre), on voit alors persister la respiration branchiale.

Une substitution semblable a lieu à la naissance des mammifères, — de l'homme même — qui, dans l'utérus, absorbent l'oxygène nécessaire à la vie par le placenta, et, dans l'air, au moyen des poumons jusque-là sans fonction. Ici a lieu la substitution subite d'un substratum par un autre, de sorte que, lorsque la respiration fœtale ou placentaire a cessé avant que la respiration pulmonaire ait commencé, la vie est assez souvent en danger.

Il en va de même avec d'autres fonctions, par exemple avec les fonctions d'assimilation. Chez l'homme, dont l'organisme est le plus hautement différencié, des changements permanents considérables du substratum peuvent avoir lieu sans modifications essentielles de la fonction : des faits d'observation dans la pratique chirurgicale le prouvent. Dans les cas de luxations permanentes, non réduites pendant le jeune âge, l'articulation normale disparaît, de nouvelles surfaces articulaires (néarthrose) se forment, et grâce à ces articulations de nouvelle formation, il arrive souvent qu'avec un exercice systématique, une grande partie des mouvements, qui étaient exécutés avant la luxation, peuvent l'être de nouveau aussi bien. Ici la fonction (pronation, supination, abduction, adduction, extension, flexion) s'est créée un nouveau substratum.

Le principe du changement de substratum avec fonction constante est aussi important pour l'intelligence de l'économie dans la nature vivante et de l'analogie physiologique des organismes, en dépit de toutes les transformations morphologiques. Car, en vertu de ce principe, un organe devenu sans fonction dans la concurrence générale, peut devenir libre pour une autre fonction, partant un échange de fonctions peut avoir lieu : chez les batraciens, par exemple, la queue de la larve, sorte d'aviron inutile sur la terre, favorise et hâte en se résorbant la nutrition et la croissance. Enfin, toute fonction héréditaire est une preuve du principe. En effet, les jeunes organismes, semblables, mais non identiques aux parents et ancêtres, possèdent les mêmes fonctions que ceux-ci ; seulement le substratum est autre, et, au cours d'un grand nombre de générations, il peut s'être essentiellement modifié sans que la fonction ait essentiellement changé.

Substitution fonctionnelle.

Lorsque, au milieu des conditions normales de la vie, comparables à un état constant d'équilibre dynamique, un changement essentiel a lieu dans les conditions vitales externes, — lesquelles ne sont rien autre chose que les conditions externes des fonctions dont le jeu s'accomplit simultanément, — alors une ou plusieurs fonctions (tantôt sans changement essentiel et instantané du substratum, tantôt avec ce changement) peuvent être ou arrêtées, ou exaltées, ou troublées dans leur cours habituel, elles peuvent même être tout à fait abolies, et remplacées par une autre fonction. Cette importante modification physiologique s'appelle substitution fonctionnelle (*Funktionswechsel*).

Elle a souvent lieu aussi bien d'une façon normale, pendant le libre développement des plantes et des animaux, particulièrement dans les migrations de ces êtres d'un lieu aux conditions d'existence moins favorables dans un autre aux conditions plus favorables, que dans certains états morbides, alors que les fonctions sont déjà troublées. Lorsque les courtes racines en vrille du lierre atteignent un sol humide, elles se ramifient et deviennent des racines nourricières. De même, les racines aériennes de quelques orchidées, lorsqu'elles demeurent exposées à la lumière dans un air humide, deviennent chlorophyllées, et peuvent alors décomposer l'acide carbonique de l'atmosphère , ce qui n'est pas la fonction d'une racine.

Parmi les animaux , les crustacés en particulier nous présentent des exemples étonnants. Il y a des espèces de paguriens qui respirent avec des branchies dans la mer, et , avec les mêmes branchies, dans l'air, sur la terre sèche. Ici un seul et même organe fonctionne donc tantôt comme branchies, tantôt comme poumons. La fonction hydrostatique de la vessie natatoire de beaucoup de poissons recule, chez quelques-uns, devant la fonction respiratoire, car, morphologiquement, le poumon est l'homologue de la vessie natatoire.

Les fonctions des animaux inférieurs qui ne sont pas encore localisées, peuvent l'être imparfaitement au moyen de formations transitoires. Avec l'apparition d'une certaine fonction , par exemple de l'activité sexuelle, une différenciation morphologique devient sensible; quand cette fonction a pris fin, la modification organique qui s'était produite n'est plus reconnaissable ; l'indifférence antérieure reparaît. En pareil cas, on le voit, la division du travail n'est pas permanente. Elle est incomplète ; la substitution fonctionnelle n'est ici en quelque sorte que l'avant-courrière d'une localisation fonctionnelle définitive.

De tels cas sont surtout remarquables parce

qu'ils mettent bien en lumière le conflit qui existe entre la variabilité et l'hérédité. Les organes qui ne sont nécessaires qu'à une fonction (la reproduction), et seulement d'une façon temporaire, disparaissent et ne se transmettent pas encore par l'hérédité.

Symptomatologie des fonctions.

Après l'élimination de toutes les parties qui ne sont pas nécessaires à l'existence de chaque fonction, il devient très facile, et ce n'est qu'alors souvent qu'il est possible, de déterminer et de décrire l'ensemble entier des phénomènes qui la produit. Avant tout il s'agit de ne négliger aucun fait et d'éviter le superflu. Ce n'est que lorsque le développement du substratum est terminé que la fonction est complète. Et ici il faut distinguer de nouveau le développement normal d'une fonction, tel qu'il se trouve atteint dans l'état de santé parfaite, après l'achèvement de la croissance de l'individu, et le développement anormal, tel qu'on l'observe seulement dans les circonstances particulièrement favorables, c'est-à-dire dans celles qui hâtent la maturité d'une fonction (exercice, dressage, perte d'autres fonctions), tout au contraire de ce que l'on constate lorsque les circonstances sont défavorables (arrêts de développement et maladie).

Dans tous les cas, l'essentiel est de découvrir ces modifications du substratum et de l'objet qui sont nécessaires et caractéristiques pour le plein développement d'une fonction. Mais il faut faire entrer ici en considération la réaction sur le substratum de l'exaltation ou de l'affaiblissement exceptionnel d'une fonction.

A chaque fonction physiologique appartiennent en propre plusieurs choses susceptibles d'être quantitativement déterminées, mesurées, pesées, calculées ; il y a pour chacune des facteurs invariables et des facteurs variables. Les uns et les autres doivent donc être autant qu'il est possible quantitativement déterminés : c'est dans l'établissement raisonné de ces déterminations que consiste une des principales tâches de la physiologie contemporaine, laquelle considère a *priori* toute fonction comme un mélange de processus physico-chimiques et, autant que possible, la traite en conséquence.

Le cours des fonctions.

De même que la vie de tout individu, chaque fonction a un commencement et une fin. La *vie partielle* que présente chaque fonction considérée en elle-même, parcourt elle aussi, comme la *vie générale* de l'individu, un premier stade, stade d'accroissement ou progressif, et un second stade, stade de déclin ou régressif, reliés tous deux par un stade souvent fort court, mais souvent long, d'une constance approximative.

Ces faits valent en général pour les fonctions cellulaires, comme pour les fonctions des tissus, des organes, des organismes, des familles, des Etats, de sorte que la durée de la vie d'un individu d'ordre supérieur dépasse de beaucoup celle des parties élémentaires qui le constituent, c'est-à-dire des individus d'ordre inférieur, car leurs fonctions en partie cessent de bonne heure, en partie n'apparaissent que tard. Un arbre survit facilement pour la centième fois à la vie de ses fleurs ; un globule de sang, une cellule de la lymphe ont une durée beaucoup plus courte que celle de l'homme ou de l'animal dont ils font partie. Mais alors même que les individus et les organes, qui leur appartiennent, ont une égale durée, le cours des fonctions est tout à fait inégal.

Le développement de l'individu implique déjà que les fonctions apparaissent à des époques différentes. Une étude physiologique d'une haute valeur théorique consiste à découvrir l'ordre dans lequel les fonctions apparaissent au cours du développement individuel. L'embryologie expérimentale s'occupe aussi de cette tâche. Le développement de chaque fonction, depuis son commencement jusqu'à sa pleine manifestation, exige qu'on accorde une attention toute particulières aux stades de jeunesse des appareils et agrégats organiques, ainsi qu'à la nature et à l'état de leurs objets, longtemps même après la fin de l'époque embryonnaire.

De même qu'à l'époque du développement, dans la jeunesse, les différentes fonctions n'apparaissent et ne se déploient pas simultanément, à l'époque de la régression, dans la vieillesse, elles n'entrent point simultanément en décadence et ne cessent pas en même temps et à la fois. Pour la mort, l'accélération du processus régressif est caractéristique.

Il convient de rechercher surtout ici combien la régression de l'organisme dépend des changements matériels du substratum et de l'objet de la fonction, et, inversement, quelle est l'influence de la perte d'une fonction sur le cours des autres fonctions.

Toutefois, ce qui constitue l'objet principal de la physiologie moderne, c'est la fonction dans son plein développement, avant qu'ait commencé le processus régressif.

Interruption et restitution des fonctions.

Nombre de fonctions physiologiques sont périodiques ou rhythmiques, c'est-à-dire qu'elles présentent des intermittences qui ont lieu à des intervalles le plus souvent réguliers ; beaucoup d'autres apparaissent et disparaissent à des intervalles inégaux. Lorsque toutes les fonctions sont interrompues, la vie l'est alors aussi totalement. L'art des expérimentateurs peut faire tant que quelques fonctions particulières soient à volonté interrompues et restituées après un certain temps. De même, l'ensemble de toutes les fonctions peut être interrompu de temps en temps,

et de telle sorte qu'après le rappel de la vie (anabiose), il ne reste plus aucune trace appréciable
de cette suspension temporaire. Les expériences
de ce genre réussissent facilement avec certaines
fonctions par l'emploi du froid, de la sécheresse,
de la soustraction d'oxygène et de nourriture.
Elles sont du plus haut intérêt théorique et pratique.

L'imitation artificielle des fonctions.

Bien qu'il soit impossible, en principe, de composer un corps vivant quelconque de parties inorganiques — en soi sans vie et incapables de vivre,
— sans recourir à des corps vivants ou capables
de vivre, quelques fonctions peuvent cependant
être imitées artificiellement. Maintes fonctions
des organismes supérieurs ont été en réalité
imitées soit par des automates, soit par d'autres
machines. Mais, dans tous les cas de ce genre, il
ne s'agit toujours que d'une *imitation*, jamais
d'une *reproduction*. Les moyens qu'on emploie
sont autres en tout cas que ceux qui sont employés dans les corps vivants. Les synthèses artificielles des combinaisons chimiques elles-mêmes
que l'on rencontre dans les corps vivants, — ces
synthèses sont réalisées d'une autre manière que
dans ces corps, quoiqu'on puisse s'attendre à assis-
ter bientôt à une véritable répétition du processus
naturel.

*La comparaison des fonctions des différents
individus.*

Lorsque l'on compare des fonctions, il s'agit
de déterminer avec précision et d'établir ce que
l'on veut comparer. Contrairement à ce qu'on
fait en anatomie comparée, on ne doit pas comparer ici ce qui se développe d'une manière concordante (concordance morphologique), les homologues, mais bien les parties qui fonctionnent
d'une manière concordante, les parties *isody-
names*, qui sont fonctionnellement équivalentes,
quelque différentes que puissent être leur morphologie et leur évolution.

Toutes les fois que l'on compare deux fonctions
avec leurs substrata, il y a donc quatre cas à distinguer. Ainsi,

les *fonctions* sont :   les *substrata* :
  1. semblables   homologues
  2. semblables   non homologues
  3. dissemblables   homologues
  4. dissemblables   non homologues

Outre la considération de la composition morphologique, il faut aussi avoir égard à la comparaison de la composition chimique des parties
morphologiquement séparées (histochimie comparée), et cela au point de vue qualitatif et quan-
titatif.

On peut donc avoir l'espoir de tirer des con-
cordances que la physiologie comparée nous ré-

vèle entre les fonctions des conclusions a *poste-riori* sur *l'histoire des fonctions*. En effet, un rapprochement aussi complet que possible des modes typiques de manifestation propres à chaque fonction, depuis les plus simples jusqu'aux plus complexes, peut permettre de conclure à l'existence de fonctions chez les ancêtres disparus des corps vivants actuels.

De même que, pendant le développement individuel, l'apparition et le développement des diverses fonctions particulières ont lieu à des époques déterminées, il est légitime de chercher à considérer et à établir, du point de vue phylétique, l'arbre généalogique d'un appareil et agrégat vivant en ayant égard à ses fonctions. On peut ainsi rechercher dans quelles générations telle ou telle fonction est apparue pour la première fois, et cela en même temps que la question morphologique et chimique qui s'y rapporte, comment son substratum et son objet se sont modifiés, avant d'être devenus ceux des êtres vivants dont nous observons aujourd'hui les fonctions.

Le langage articulé, par exemple, faisait indubitablement défaut aux ancêtres de l'homme ; on se demande à quel stade de l'évolution humaine on peut rapporter les premières tentatives de l'homme pour se faire comprendre au moyen des sons du langage. Même aux époques historiques, cette manière de considérer les fonctions paraît promettre dans quelques cas d'importants résultals. Le sens de l'ouïe, par exemple, si l'on tient compte de la préférence qu'il manifeste pour quelques intervalles musicaux comme consonnances, est aujourd'hui manifestement autre qu'il n'était il y a plusieurs siècles. Toutefois cette *paléophysiologie* n'est encore que *in fieri*; elle suppose l'existence d'une *physiologie comparée*.

Afin de désigner d'une manière purement physiologique, c'est-à-dire en ne tenant compte que des fonctions, les appareils organiques, en vue d'une comparaison de ces fonctions, et aussi afin d'être délivré des dénominations changeantes de l'anatomie comparée, voici les expressions qu'il est nécessaire d'employer. On appelle :

Polydynames, les appareils organiques qui possèdent à la fois plusieurs fonctions : tel est, par exemple, l'appareil gastrovasculaire des cœlentérés ;

Monodynames, les appareils organiques qui ne possèdent qu'une seule fonction : par exemple, l'œil ;

Isotypes, les fonctions (identiques) des appareils organiques homotypiques : par exemple, l'ouïe, qui s'exerce chez l'homme à gauche et à droite ;

Polytopes, les fonctions qui, chez un seul et même individu, possèdent plusieurs substrata de même nature : tel est, chez l'homme le toucher ;

Cœnomères, les fonctions qui ne possèdent aucun appareil organique qui leur appartienne en propre d'une manière exclusive ;

Idiomères, les fonctions qui au contraire en ont un.

En conséquence, toute fonction d'un appareil polydyname est cœnomère, celle d'un appareil monodyname est idiomère, et la tâche principale de la physiologie comparée consiste à faire dériver les fonctions idiomères des fonctions cœnomères par la découverte de transitions, de manière que les extrêmes, — par exemple les courants de granules du protoplasma d'une part, et, de l'autre, les courants du sang et de la lymphe chez l'homme,— se trouvent reliés par une série continue d'intermédiaires, embrassant toutes les sortes de circulation des liquides chez les animaux, sans égard à leur place dans la classification zoologique.

Et de même pour toute fonction.

Ce qui vaut pour la première localisation de chaque fonction, vaut également pour les autres localisations de la même fonction dans les organes qui les exercent : c'est le principe de la division du travail. Chez les animaux inférieurs, une seule fonction n'a qu'un organe simple, elle a un organe complexe chez les animaux supérieurs, un organe différencié, car une partie de l'organe n'exerce qu'une partie de la fonction, une autre partie, l'autre. C'est dans cette division de la fonction et de son substratum qu'a sa cause un développement spécial, particulier, des parties de l'organe, c'est grâce à elle que la fonction devient elle-même plus complexe, et, par conséquent, que les fonctions idiomères sont très complexes, tandis que la cœnomérie paraît liée à des conditions relativement simples. C'est donc de la cœnomérie que doit partir la comparaison physiologique.

Toute fonction de l'homme, quelque complexe qu'elle soit, a une racine dans le protoplasma, et l'on peut découvrir celle-ci par la comparaison ; l'autre doit être cherchée dans les influences extérieures, dans les rapports réciproques des êtres vivants et dans le milieu.

Seule, une comparaison approfondie des fonctions permet de reconnaître la constance (déterminée par l'hérédité) des fonctions fondamentales communes à tous les êtres vivants, au milieu de la variété immense (due à l'influence externe en vertu de la variabilité organique) des fonctions dérivées, et, du même coup, de comprendre l'enchaînement du monde organique.

Antagonisme et corrélation des fonctions.

Pendant comme après le développement des corps vivants, quelques fonctions doivent interférer avec d'autres, avec d'autres aussi s'harmoniser, de sorte que, dans le premier cas, un conflit ou un *antagonisme* se produit, dans le second, une *corrélation*. Dans l'état de complet développement, une sorte de balancement apparent s'établit, dû à une manière de *compromis*. Mais, en réalité, l'antagonisme, considéré comme une forme de l'interférence des fonctions, persiste sans interruption, et c'est tantôt l'une, tantôt l'autre fonction qui prédomine pour un court laps de temps.

Antagonisme des fonctions est, du reste, une expression ambiguë. D'une part, elle signifie un état de conflit, tel que celui qui existe chez l'homme entre l'expiration et la déglutition, par exemple ; de l'autre, une corrélation, comme dans la flexion et l'extension. La corrélation reçoit aussi dans ce cas le nom d'antagonisme. Dans les deux cas, une fonction exclut la fonction antagoniste pour le même substratum et dans le même temps.

Troubles fonctionnels.

Ce n'est que parce que les fonctions physiologiques interfèrent les unes avec les autres, — que l'une ne permet pas à l'autre de s'exercer seule ou d'une façon prédominante sans interruption, — que le maintien et la conservation de la vie est possible. Des dispositions particulières (lesquelles ne sont connues exactement que dans un petit nombre de cas), régulatrices et compensatrices des organismes, maintiennent ce trouble normal des fonctions dans des limites déterminées qui caractérisent la *santé*.

La capacité d'action de ces régulateurs, — des nerfs surtout chez les animaux supérieurs, — est bien faite pour étonner, comme on peut déjà le reconnaître par cette considération, que l'homme sain vit dans les conditions les plus différentes, sur mer, sur terre, sous les tropiques, dans la zône arctique, sur les montagnes ou dans les vallées, qu'il se nourrit d'une nourriture purement végétale et purement animale, et qu'il demeure sain, qu'il prenne peu ou beaucoup de mouvement, dans les occupations professionnelles les plus variées.

Mais il arrive souvent, chez les plantes, les animaux et l'homme, que, par suite du changement des conditions extérieures de leur existence, surtout si ce changement est subit, ou par suite d'attaques et d'empiétements inattendus, de lésions, d'empoisonnements, ou de toute autre impression inaccoutumée, — une ou plusieurs fonctions sont gravement troublées, directement ou indirectement, par la prédominance d'autres fonctions, et que la régulation qui avait suffi jusque-là ne suffit plus. La santé est alors troublée, et, si elle n'est pas restituée, si la compensation des influences nocives n'a pas lieu, le corps vivant est *malade*.

Toute maladie repose sur un trouble quelconque, d'une fonction physiologique quelconque; dans la plupart des cas, et de beaucoup, ce trouble est dû à des influences extérieures; dans des cas relativement rares, il est inné ou transmis par l'hérédité à l'état de disposition ou d'aptitude héréditaire. Mais dans ces cas aussi, dans toutes les maladies héréditaires, la cause dernière est toujours réductible à quelque circonstance nuisible

externe, qui s'est déjà réalisée dans l'œuf ou déjà
chez les ancêtres. Il en va ainsi pour les maladies
mentales héréditaires, les tumeurs héréditaires, etc. On ne sait pas toujours assurément en
quoi peut consister la première cause de trouble
ou l'anomalie avant l'apparition de ces manifestations morbides dans le dernier individu encore
sain de la génération atteinte.

Tous les troubles fonctionnels de ce genre que
la régulation physiologique ne peut faire disparaître, et qui sont, par conséquent, maladifs,
n'appartiennent plus à la physiologie : ils forment l'objet de la pathologie. Mais ils intéres-
sent surtout la physiologie parce que, de l'état
d'une fonction pathologiquement modifiée, on
peut conclure à ce qu'elle est à l'état normal, et
parce que très souvent la maladie tient lieu d'une
vivisection impraticable. L'exemple le plus frap-
pant à cet égard, ce sont les troubles du langage, sans lesquels on saurait peu de chose du
substratum nerveux de la fonction normale du
langage.

Nomenclature et histoire de l'étude des fonctions.

C'est une partie de la science encore peu culti-
vée que l'histoire de ce qu'on sait de chacune
des fonctions physiologiques.

Dune critique des désignations en usage, et plus
encore des anciennes et nouvelles explications

qu'on en donne, résultent déjà un grand nombre d'erreurs instructives. On voit surtout combien il est difficile d'obtenir les faits à l'état de pureté, de les maintenir à l'abri de toutes les additions qu'y déposent les opinions de ceux qui les observent, les expérimentent, les exposent.

Ce sont les conditions externes des fonctions qui sont relativement les plus faciles à découvrir. La détermination des parties organiques et de l'objet nécessaires à la manifestation d'une certaine fonction présente déjà de grandes difficultés ; le mécanisme et le chimisme de chaque fonction, ainsi que l'excitant qui lui est indispensable, en offrent encore de plus grandes.

Le rapport de chaque fonction particulière l'une avec l'autre dans le même individu, le développement et la régression de chacune d'elles au sens physiologique, n'ont pas encore d'histoire.

L'histoire de la doctrine des troubles fonctionnels se rencontre et s'accorde essentiellement avec l'histoire de la pathologie. Mais il est bien à désirer qu'en pathologie on n'emploie pas d'autres expressions qu'en physiologie pour désigner les fonctions physiologiques.

Une terminologie conçue et exécutée d'après des principes strictement scientifiques est pour l'étude du plus grand secours. De même que la nomenclature adoptée par les naturalistes en zoologie et en botanique, s'est rapidement acquis une faveur durable par l'esprit de conséquence qui la caractérise, de même une nomen-

blature physiologique qui distingue, avec la
même vigueur de logique, une fonction dérivée
d'une fonction primitive, et ne retombe ni dans
les divisions artificielles du galénisme, ni dans
les dénominations arbitraires de l'ancienne anatomie, a seule des chances de durée. Mais auparavant la classification des fonctions primitives
doit être établie.

CHAPITRE VI

CLASSIFICATION DES FONCTIONS PHYSIOLOGIQUES

*Détermination de toutes les fonctions
communes à l'universalité des êtres vivants.*

Il est souvent très difficile de distinguer, dans
un cas donné, les phénomènes que présentent
les organismes, en tant que corps naturels seulement, de ceux qui leur sont propres en qualité
de corps vivants. Mais, comme les fonctions fondamentales, propres à tous les corps vivants sans
exception, doivent appartenir aussi au corps
vivant le moins complexe, au *protoplasma* (qui,
lui-même, est encore pourtant d'une incompréhensible complexité), il est nécessaire, pour découvrir toutes les fonctions physiologiques
fondamentales appartenant à tous les corps
vivants, d'établir et de déterminer d'abord
l'ensemble des fonctions physiologiques du protoplasma. Non seulement tous les corps vivants,
en effet, contiennent du protoplasma : ils en

dérivent tous. L'organisme le plus hautement différencié n'est lui-même, au commencement de son existence, que du protoplasma, qu'une cellule, qu'un ovule amiboïde.

Dans ce qui va suivre, tous les phénomènes vitaux connus du protoplasma vont donc être présentés de telle sorte, que ce qui en sera dit vaudra pour n'importe quel être vivant, végétal ou animal, car ce ne sont que les fonctions fondamentales que l'on considère. *Ces fonctions physiologiques sont des processus vitaux qui ne peuvent être dérivés les uns des autres.* Dans l'avenir, une telle dérivation sera indubitablement possible ; aujourd'hui, on ne peut pas plus donner une *preuve* du caractère nécessaire de toutes les fonctions fondamentales que reconnaître leur enchaînement génétique.

Les fonctions fondamentales.

Tout d'abord on constate l'existence de courants de liquides ou d'émulsions à l'intérieur des corps organisés. L'expression la plus générale pour désigner ces fluides, qu'ils tiennent ou non en suspension des corps solides ou de petites quantités d'autres liquides, est *humeurs*. Le premier processus fonctionnel est un courant de ces liquides.

Les gaz dissous dans ces liquides en circulation (et les gaz condensés par les corpuscules en suspension dans ces liquides, raréfiés ou dissous),

de même que les substances liquides et solides
qui s'y trouvent également dissoutes, et aussi les
corps qui y flottent, sont en rapport, — par l'attraction capillaire et les différences de pression,
en particulier par la diosmose et la filtration, —
avec les gaz, avec les liquides et avec les matières
solides dissoutes du milieu.

D'une part, ces gaz, ces liquides, ces substances du milieu environnant le corps vivant,
pénètrent dans celui-ci, et cela immédiatement ou médiatement, c'est-à-dire directement
dans les courants liquides, ou préalablement
dans les parties du corps qui environnent ces
courants. Le processus est généralement composé d'absorption de gaz, d'endosmose, de filtration de dissolutions liquides et de déplacements de corps solides du dehors au dedans,
pourvu que ceux-ci soient divisés et répartis en
particules très ténues; sinon, ou bien ils ne
pénètrent pas dans les corps, ou, s'ils y péné-
trent, ils ne sont pas entraînés dans les courants
liquides.

D'autre part, il y a : 1° un mouvement
de progression qui fait déboucher le courant
liquide, là où il entre en contact avec le milieu
ambiant du corps, dans ce milieu, ou bien auparavant dans les parties du corps qui environnent
le courant liquide ; 2° une expulsion directe de
matières dont l'absorption avait eu lieu dans le
corps, mais non dans les courants liquides. Ce
processus est généralement composé de dégage-

ments de gaz, d'exosmose, de filtration de liquides et de déplacements de corps solides du dedans
au dehors.

Dans le second complexus de mouvements,
propre aux machines vivantes, les gaz, les solutions et les matières solides pénètrent donc du
milieu ambiant dans le corps, et en sont ensuite
expulsés et rejetés dans ce milieu. Les phénomènes, à la vérité fort complexes, mais purement
mécaniques, qui s'y trouvent compris, sont tous
ensemble désignés brièvement par le mot de *circulation de la matière*. Ils comprennent le *mécanisme* de l'échange des gaz ou de la *respiration*,
de la *nutrition*, des *sécrétions (secreta et excreta)*.

Lorsque les courants liquides et la circulation
de la matière sont en activité, les substances qui
arrivent dans ces courants subissent l'action réciproque de celles qui s'y trouvent déjà, et les
substances qui de ces liquides parviennent dans
les diverses parties du corps, agissent chimiquement sur ses éléments constituants. De même,
les matières immédiatement absorbées dans les
parties du corps, alors même qu'elles ne sont
pas arrivées dans les courants liquides, déterminent des modifications des parties organiques
qui les renferment et, à leur tour, ces parties peuvent agir sur ces matières absorbées
en les modifiant chimiquement. Les processus accomplis dans ces actions et réactions
récripoques, sont ceux du *chimisme de la respiration, de la nutrition et de la sécrétion*.

Avec la circulation de la matière marche donc de compagnie une transformation de la matière, une modification dans la composition de presque toutes les parties du corps, due à des opérations chimiques, avec *production de chaleur* résultant de l'oxydation et *dégagement d'électricité* souvent manifeste, car les processus que nous venons d'énumérer, indissolublement liés à la circulation de la matière, ne peuvent avoir lieu sans que les parties qu'ils affectent ne s'échauffent et ne deviennent, au moins temporairement, électro-motrices.

Dans leur ensemble, tous les processus consi-dérés jusqu'ici peuvent avoir lieu sans que change la forme des êtres vivants, car, au cas où les substances qui pénètrent dans l'organisme ar-rivent toutes dissoutes dans des courants uni-formes, et où la surface d'imbibition est libre (comme chez beaucoup d'œufs dans l'eau), rien ne détermine nécessairement une contraction ou une dilatation. Mais aucun corps vivant ne se trouve dans une situation telle, qu'alors même que ces processus ne nécessiteraient ni contrac-tions ni expansions, il pût demeurer en repos d'une façon permanente. Il se produit au con-traire, par l'effet d'influences externes affectant immédiatement la surface, des modifications de cette surface, soit immédiatement, soit média-tement, qui déterminent des mouvements d'en-semble des parties du corps. Les excitants qui provoquent ces changements de forme, sont surtout des différences de pression et les courants du milieu ambiant dans lequel est plongée la surface du corps vivant, l'air ou l'eau, les chocs de corps solides étrangers, les oscillations de température de l'entourage, enfin les processus chimiques, auxquels appartient le déplacement d'un corps par un autre corps d'une constitution chimique différente, au moyen de courants gazeux et liquides, en tant que ce déplacement met en contact la surface du corps avec des substances chimiquement différentes. Ajoutez l'action de la lumière, sans qu'elle soit pourtant aussi commune, car il n'y a pas peu de corps vivants qui n'y sont point exposés. Il en faut dire autant de l'électricité, et vraisemblablement aussi du magnétisme. Quant à l'action de la pesanteur, au contraire, tous les corps vivants y sont soumis : elle détermine chez tous des mouvements internes accompagnés ou non de changements de forme.

Toutes ces influences externes, qui sont des excitants (*stimuli*), ont la propriété commune de ne provoquer un mouvement de certaines parties d'un corps vivant que si leur intensité dépasse, en tout cas, une certaine limite, celle du seuil, et que les changements de forme déterminés par ces excitants puissent se réaliser uniquement par des *contractions*. La contraction est un phénomène d'ordre biologique, ni plus ni moins que la circulation, la respiration, la nutrition, la sécrétion, la formation de la chaleur et la production de l'électricité. Comme ces phénomènes, la contrac-

tion est un processus vital, ou une fonction, qui se
réalise sous l'action d'un *stimulus*. Elle forme le
dernier de ces trois processus particuliers, étroitement unis l'un à l'autre : 1° du changement d'état
primaire d'un corps, ou *irritation (stimulation)*; 2°
du changement d'état secondaire, ou *excitation*,
qui, en soi, ne change pas la forme ni la situation
du corps ; 3° du mouvement d'ensemble d'une ou
de plusieurs parties du corps, qui en modifie la
forme, et a constamment pour cause une *contraction* : c'est ce mouvement qui répond, comme
on dit, au stimulus. Il est la conséquence de
l'excitation.

Outre les contractions, les excitants *(stimuli)*
déterminent encore une modification organique,
la *sensation*. L'existence de la sensation n'est pas
moins liée que le mouvement à l'excitation. D'une
part, elle est la conséquence d'une excitation, de
l'autre elle est cause de mouvement. Comme la
contraction, elle est un état qui s'écarte d'autant
plus de celui qui correspond à 0, que l'excitant
convenable est plus éloigné de l'excitant liminal,
jusqu'à une certaine limite déterminée par la
nature du sujet sentant. L'exercice de la sensation constitue une fonction particulière de la
vie.

Dans les processus vitaux considérés jusqu'ici,
il s'agit d'*échange de forces* (Kraftwechsel) et
d'*échange de matières* (Stoffwechsel), auxquels
vient s'ajouter l'*échange* ou le *remplacement
d'une sensation par une autre* (Empfindungs-

wechsel); dans ce qui va suivre, il est surtout question de *transformation* et de *néoformation morphologiques*.

Tout corps vivant est issu d'un autre corps vivant en s'en séparant, soit directement par segmentation spontanée, soit par division après un contact préalable avec un autre corps vivant. La génération d'un corps vivant a toujours lieu par une division ou une séparation d'un autre corps vivant, mais tout corps vivant n'est pas capable d'en engendrer un autre. Le caractère général par excellence de ce processus consiste dans l'acte par lequel un nouvel être vivant *est séparé* d'un être préexistant. Tout être vivant sans exception l'a éprouvé sur lui-même : c'est le processus de la *génération*. Un être conçu n'est pas encore un être développé ; mais celui qui est produit est conçu et développé ou en train de se développer.

Immédiatement après la génération commence, chez tous les êtres vivants, la fonction de la *croissance*, consistant dans une augmentation de volume et de poids ; elle continue jusqu'à une certaine époque, et résulte de ce qu'il entre dans les corps plus de matière empruntée au milieu qu'il n'en sort pour être rejetée dans ce même milieu. Une accumulation, un emmagasinage de matériaux (digérés et assimilés) a lieu.

Le *développement* se distingue de la croissance comme fonction spéciale. Avec celle-ci, un organisme entier s'accroît par le fait de l'accroissement de volume et de nombre des éléments morphologiques homogènes. Mais, lorsque de ces éléments morphologiques homogènes, des formes hétérogènes se développent, pendant que le nombre de ces éléments s'accroît, comme c'est le cas pour tout corps vivant, à quelque époque de sa vie que ce soit, alors ce corps ne s'accroît plus seulement, il se développe aussi en même temps, il se *différencie*.

Enfin, c'est encore une fonction spéciale, distincte de la simple croissance et de la différenciation dans le développement, que l'*hérédité*, la transmission héréditaire des propriétés d'un être vivant aux êtres vivants dérivés de lui, sans qu'il les perde lui-même par ce fait. Ce processus suppose que des parties du parent passent dans le jeune être en voie de développement, lesquelles parties demeurent dans l'ordre ou l'arrangement habituel qu'ils possédaient, et, par l'attraction chimique, acquièrent de nouveaux matériaux de croissance.

Telles sont les fonctions fondamentales jusqu'ici connues, celles qui appartiennent à tout être vivant.

Tous les processus vitaux dont il n'a pas été fait mention expressément dans ce qui précède, n'appartiennent point à tous, mais seulement à une partie des corps vivants ; ou bien ils rentrent, comme conséquences, dans un des concepts généraux énumérés, ou bien il est permis de les considérer comme la suite nécessaire de l'enchaînement et de la coexistence des processus vitaux ci-dessus désignés ; en tout cas, et d'après le darwinisme, ils peuvent en être dérivés en principe, aussi bien que des formes complexes peuvent l'être de formes plus simples.

Pour caractériser la vie, l'ensemble des processus que nous avons passés en revue est, en réalité, suffisant ; il est aussi nécessaire, car partout où ces processus ont lieu ensemble ou coexistent, la vie existe indubitablement ; là où un seul fait défaut, il ne peut y avoir de vie, à moins qu'on ne veuille refuser la faculté de sentir au protoplasma végétal en l'opposant au zooplasma.

Conservation de l'individu et conservation de l'espèce.

La *conservation de l'individu* et la *conservation de l'espèce*, qu'on cite de temps en temps comme des principes suprêmes, ne sauraient passer pour des fonctions physiologiques. L'une et l'autre notions sont nées de conceptions anthropomorphiques de la nature ; elles reposent sur des idées de finalité transportées dans le monde objectif, idées qui sont et demeurent aussi étrangères aux êtres vivants qu'aux machines. Les plantes et les animaux fonctionnent précisément comme celles-ci, parce qu'elles ne peuvent pas autrement, et elles ne peuvent pas autrement, parce que les conditions externes et

internes de la vie ne sont pas autres qu'elles ne
sont. Dès qu'on ne tient les fonctions que pour
des processus qui ont lieu dans le but que l'individu puisse, grâce à elles, se conserver, lui et ses
descendants, on procède à la façon des partisans
des causes finales, et, à la place de la question
de la cause de la vie (pourquoi?), on pose celle du
but de la vie (à quelle fin?). Mais cette dernière
question n'appartient pas à la physiologie.

L'idée du moi individuel, pas plus que celle de
l'espèce, ne se trouve nulle part réalisée : l'une
et l'autre sont des abstractions. Toute fonction
particulière peut être considérée comme but individuel, comme manifestation d'un moi particulier d'un ordre supérieur ou inférieur, toute
espèce peut être regardée comme variable, partant tout-à-fait incapable de persister comme
espèce : mais ces idées, n'étant pas du domaine
scientifique de la physiologie, sont absolument
sans valeur. Ni le *moi* ni l'*espèce* ne sont conser-
vés par les fonctions, mais bien la *vie*. Le protoplasma n'a point de moi, il ne forme pas d'espèces au sens où ce mot est entendu dans les
classifications d'histoire naturelle ; il n'est jamais
individualisé, et pourtant il vit.

L'adaptation.

Outre la conservation du moi et celle de l'espèce, on désigne encore à tort, comme une fonction physiologique fondamentale, l'*adaptation*

des êtres vivants aux conditions variées du milieu. L'adaptation n'est qu'une conséquence, un phénomène de resultat, et il n'est point permis de la désigner, au même titre que les processus vitaux ci-dessus énumérés, comme une fonction.

Lorsqu'un individu, à quelque ordre qu'il appartienne, s'adapte à d'autres individus ou à un milieu inorganique qui auparavant lui étaient, en tout ou en partie, étrangers, il *subit*, grâce à la variabilité immanente à tout être vivant, des modifications morphologiques, chimiques et fonctionnelles, qui peuvent être également ou partielles ou totales. Mais ces modifications, il n'est pas plus permis de les considérer comme des fonctions physiologiques d'êtres vivants, que, par exemple, le façonnement d'un morceau de terre à modeler en figure humaine ou en sphère n'est une fonction de la terre glaise.

Lorsque le protoplasma se différencie en embryon ou que, sous l'action d'un excitant (*stimulus*), il prend une forme globuleuse, il s'opère là un phénomène essentiellement physiologique, une fonction. Mais, si par quelque changement des conditions externes nécessaires, la croissance ou ce mode de contraction du protoplasma se trouvent un peu retardés ou accélérés, il n'y a point là une fonction nouvelle d'adaptation : ce sont des fonctions déjà existantes qui subissent seulement des modifications parce que leurs substrata sont eux-mêmes modifiés.

De même que des machines, munies d'appareils

régulateurs, peuvent continuer à travailler au milieu des changements de température et de pression, parce qu'elles s'y adaptent, les corps vivants, — qui sont seulement des machines beaucoup plus parfaites — peuvent continuer à vivre, en se modifiant, grâce à l'enchaînement régulateur de leurs fonctions, au milieu de circonstances variables dans de certaines limites. C'est ce fait que désigne le mot « adaptation ». Grâce à l'hérédité d'un grand nombre de changements organiques acquis par l'adaptation, et qui peuvent devenir ainsi des propriétés durables, ce mot possède en particulier une signification morphologique très étendue.

Mais, en physiologie, le mot « adaptation » ne se rapporte qu'à des *conditions* fonctionnelles. Toute fonction peut subir, par adaptation, des modifications considérables; elle peut s'éteindre par défaut ou par excès d'excitation; par l'alternative ordinaire du repos et du degré d'excitation convenable, elle peut se conserver, tandis que sous l'action d'influences insolites son substratum peut se modifier essentiellement. L'adaptation est une conséquence de l'excitabilité et de la variabilité des êtres vivants. Et si l'on veut lui imprimer le caractère d'une fonction physiologique spéciale, *c'est là un reste de téléologie, de cette doctrine des causes finales qui prend l'effet d'un phénomène pour le but d'une action.* Un grand nombre d'adaptations *paraissent* en réalité au plus haut point conformes à un but, de sorte qu'il est souvent difficile de les reconnaître pour ce qu'elles sont, c'est-à-dire pour des effets de causes efficientes ou pour des conséquences nécessaires d'excitations.

Aperçu des fonctions du protoplasma

Toutes les fonctions du protoplasma sont polytopes et cœnomères (1) :

1. Le mouvement des courants ou *circulation du protoplasma*. Directement observé.
2. Les *échanges de gaz* avec le milieu. Expérimentalement prouvé.
3. L'*absorption de corps étrangers* provenant du milieu ambiant. Directement observé.
4. La *sécrétion* ou *élimination* de parties dissoutes et solides. Directement observé.
5. La *production de chaleur*. Preuve expérimentale indirecte.
6. Le *dégagement d'électricité*. Preuve expérimentale.
7. Le *mouvement* actif, alternative de repos et d'activité, contraction et expansion. Directement observé.
8. La *sensation*. Attribué au protoplasma d'après des observations et des expériences.

(1) Voyez plus haut, page 268.

9. La *croissance* et, par ce processus, la *reproduction* des parties séparées. Preuve
directe.
10. La *génération*. Du protoplasma existant naît
le protoplasma par segmentation. Directement observé.
11. Le *développement*. Le protoplasma jeune se
différencie, le protoplasma parvenu à
maturité présente le phénomène de la
division nucléaire. Directement observé.
12. L'*hérédité*. Les propriétés du protoplasma
sont transmises à ses parties. Directement
observé.

On ne connaît aucun protoplasma vivant
auquel une seule de ces douze fonctions physiologiques puisse être sûrement contestée. Aucune
autre fonction, propre au protoplasma, n'a été
jusqu'ici constatée.

Les quatre premières fonctions concernent les
échanges de matières, les quatre intermédiaires
les *échanges de forces*, et les quatre dernières la
substitution d'un élément morphologique par un
autre, les *changements morphologiques*. On peut
aussi désigner les trois groupes de fonctions du
protoplasma en appelant celles-ci *nutritives, dynamiques* et *formatrices*.

Conformément à cette classification, les douze
fonctions fondamentales des animaux, y compris
l'homme, se répartissent en trois grandes divisions.

Classification de la science des fonctions des animaux.

I. La science des *courants liquides* chez les animaux. Théorie de la circulation.

II. La science des *échanges gazeux* chez les animaux. Théorie de la respiration.

III. La science de la *nutrition* des animaux. Théorie de la nutrition.

IV. La science des *sécrétions* des animaux. Théorie de la sécrétion.

V. La science de la *chaleur* animale ou combustion animale. Théorie de l'oxydation.

VI. La science de l'*électricité* animale. Électrophysiologie. (Théorie de la polarisation).

VII. La science des *mouvements* des animaux. Théorie de la contraction.

VIII. La science de l'*activité des sens*. Théorie de la perception.

IX. La science de la *croissance* des animaux. Théorie de l'incrétion.

X. La science de la *génération* des animaux. Théorie de la génération.

XI. La science du *développement* des animaux. Théorie de l'évolution.

XII. La science des *transmissions héréditaires* chez les animaux. Théorie de l'hérédité.

Le premier groupe (i-iv) constitue la physiologie *végétative*, le second (v-viii) la physiologie animale, le troisième (ix-xii) la physiologie *générative*, dont les premiers principes ne sont pas encore séparés de la morphologie.

TROISIÈME PARTIE

OBJET DE LA PHYSIOLOGIE SPÉCIALE

ou

BIOGNOSIE

DE L'HOMME ET DES ANIMAUX

CHAPITRE PREMIER

PREMIER GROUPE : FONCTIONS DES ÉCHANGES DE MATIÈRES

1. — *Théorie de la circulation.*

Il existe chez tous les animaux, aussi longtemps qu'ils vivent, des courants de liquides,
irréguliers chez les êtres vivants inférieurs, le
plus souvent cependant à direction centripète
et centrifuge, réguliers et d'un cours circu-
laire chez tous les animaux d'une organisation
supérieure.

Après l'interruption de cette fonction, l'ensemble des autres processus vitaux s'arrête si vite, qu'elle a d'abord été considérée, et à bon droit, comme phénomène fondamental de la vie.

L'investigation physiologique s'efforce en premier lieu de découvrir, pour tous les animaux de tout âge, en s'appuyant sur l'anatomie et l'embryologie comparées, la nature, la composition et la quantité des liquides en circulation (du sang et de la lymphe chez l'homme). Elle recherche ensuite dans quels canaux (vaisseaux), réservoirs et autres espaces creux, les courants circulent, et quelles parties, appartenant à ces canaux et réservoirs, sont nécessaires à l'entretien, au maintien en activité de ces courants : en d'autres termes, elle étudie les *appareils de la circulation*.

Il reste ensuite à déterminer les rapports réciproques des courants et des appareils de la circulation, le *mécanisme* de cette circulation et les changements *chimiques* qui s'opèrent dans les liquides pendant leur parcours, ainsi que les *excitants (stimuli)* sous l'action desquels la circulation tout entière est maintenue en activité.

II. — *Théorie de la respiration.*

Tous les animaux, aussi longtemps qu'ils vivent, absorbent et expulsent des gaz. Dans cet échange de gaz, la combinaison de l'oxygène et la production de l'acide carbonique constituent l'essentiel des fonctions respiratoires ou de la respiration.

L'étude physiologique de la respiration doit établir la nature, la composition et la quantité du fluide *respirable*, de l'air ou des autres gaz respirables pour tous les animaux, et faire connaître, chez ceux-ci, les *appareils de la respiration*, en s'appuyant sur les données de l'anatomie comparée et de l'embryologie ; elle doit ensuite rechercher les rapports réciproques de l'air et de ces appareils et découvrir quels sont les *excitants* nécessaires au processus de la respiration.

Naturellement, le *mécanisme* de l'échange des gaz, dans l'inspiration et l'expiration, sera considéré à part du *chimisme* de cet échange, mais, dans les deux cas, la respiration externe et la respiration interne seront étudiées ensemble.

III. — *Théorie de la nutrition.*

Tous les animaux absorbent de la nourriture et transforment, par assimilation, une partie de cette nourriture en éléments de leurs tissus ; les éléments histologiques antérieurs se modifient, en effet, par désassimilation, si bien que, normalement, ils ne peuvent plus faire partie des tissus. Cette fonction d'assimilation et de désassimilation est ce qui caractérise la nutrition.

L'étude physiologique de la nutrition doit tout d'abord faire connaître la nature, la composition, la quantité de la substance *assimilable* pour tous les animaux et pour leurs embryons, c'est-à-dire de la *nourriture*, qu'après l'assimilation représente la substance *désassimilable*. Ensuite, d'après les données de l'anatomie comparée et de l'embryologie, il faut faire connaître les appareils de *nutrition*, au moyen desquels l'absorption, l'emmagasinement, l'assimilation et la désassimilation des substances nutritives s'effectuent.

Enfin, on doit montrer les rapports réciproques de ces appareils organiques et de la nourriture. Le *mécanisme* de la préhension, de la réduction de volume, de la progression et de la résorption des substances assimilables, doit être considéré à part du *chimisme* de la digestion. Puis vient l'étude spéciale des *excitants* dont l'action détermine ces deux sortes de processus.

IV. — *Théorie des sécrétions.*

Tous les animaux éliminent et rejettent au dehors, soit sans interruption, soit à certains intervalles, des quantités variées de matières qui s'accumulent en eux dans des réservoirs appropriés, avec ou sans participation antérieure de ces substances aux échanges matériels. Dans le dernier cas, ces substances s'appellent *excreta*, dans le premier, *secreta*. Mais, comme beaucoup de *secreta* sont en même temps des *excreta*, une distinction rigoureuse des sécrétions et des excrétions n'est point réalisable.

L'investigation physiologique doit chercher

premièrement à établir, pour les animaux et les degrés de développement organique aussi différents que possible, ce qui, des substances accumulées, est éliminé, le *secretum* et l'*excretum* ; secondement, ce qui opère l'élimination, les *appareils sécrétoires et excrétoires* ; troisièmement, par quels *excitants* la fonction de l'élimination, résultant des rapports réciproques de ces appareils et des substances à éliminer, se réalise et est maintenue en activité. Dans cette étude, il est nécessaire de considérer séparément le *mécanisme* et le *chimisme* propre à chaque espèce d'élimination.

CHAPITRE II

DEUXIÈME GROUPE : FONCTIONS DES ÉCHANGES
DE FORCES

V. — *Théorie de la combustion animale.*

Chez tous les animaux, aussi longtemps qu'ils
vivent, il existe des processus chimiques, liés à
une production de chaleur, qui,—parce qu'il s'agit
essentiellement d'oxydations réalisées au moyen
de l'oxygène respiré, — sont désignés dans leur
ensemble comme des phénomènes de combustion. Mais cette combustion des animaux,
bien qu'elle doive être considérée comme une
des fonction primordiales de la vie, ne tombant
pas directement sous le regard, il faut la démontrer par des observations et par des expériences.

L'étude de la combustion animale doit donc
commencer par la démonstration et la mensuration thermométrique et calorimétrique de la
chaleur des animaux les plus divers et de leurs
embryons. Il faut ensuite déterminer la nature

et la quantité des matériaux combustibles chez ces êtres vivants, — ce qui est *oxydable*. Puis on doit établir dans quelles parties organiques la combustion a lieu, où les appareils organiques de chauffage, les *foyers de combustion* se trouvent. Enfin, les rapports de ces *appareils* avec les substances oxydables sont à rechercher, ainsi que les *excitants* qui déterminent les processus thermogènes, excitants sans lesquels la chaleur animale ne naîtrait pas, afin de pouvoir répondre à cette question : « Comment la combustion a-t-elle lieu ? »

En outre, il est bon de considérer séparément les phénomènes du transport de combustible aux foyers de combustion et l'enlèvement de ces foyers des matériaux consumés, bref, le *mécanisme* de l'oxydation animale, intimement uni à la respiration interne, et le *chimisme* de cette oxydation dans la cellule vivante, dans le protoplasma.

VI. — *Théorie de l'électricité animale.*

Il existe chez tous les êtres vivants des parties qui peuvent normalement posséder un pouvoir électromoteur. Quant à savoir si les courants électriques qu'ils produisent doivent être considérés comme des phénomènes essentiels de la vie, ainsi que c'est le cas pour les décharges des appareils électriques de certains poissons, ou seulement comme des phénomènes d'accompagnement, non physiologiques, des processus vitaux, c'est une question qui demande un examen approfondi.

Il faudra donc tout d'abord administrer la preuve que des *tissus animaux produisent en fonctionnant de l'électricité*. Ce n'est que si les propriétés électriques des êtres vivants se sont montrées comme appartenant essentiellement et normalement aux tissus vivants, et si elles se sont régulièrement modifiées avec l'activité de ces tissus, qu'il est permis de les désigner comme fonctionnelles, et de leur reconnaître une valeur physiologique. Autrement, les courants électriques produits par les êtres vivants n'auraient guère plus d'importance pour la physiologie que ceux qui résultent du contact de substances inorganiques humides. Mais, comme beaucoup de poissons produisent de l'électricité fonctionnelle, il ne paraît pas impossible que d'autres animaux, et peut-être tous, possèdent aussi, quoique à un moindre degré, la même propriété.

En fait, un grand nombre d'expériences sur les plantes et sur les animaux vivants, rendent au plus haut point probable que le protoplasma vivant, parmi ses forces ou propriétés essentielles, possède, au moins de temps en temps, un pouvoir électro-moteur.

Une fois la démonstration des phénomènes fonctionnels d'électricité animale acquise, il faut découvrir, par la comparaison et l'étude de l'évolution organique : 1° les substances qui, par leur inégalité de tension électro-chimique, sont nécessaires à la production des courants dans les tissus vivants, — substances qu'on peut nommer d'un seul mot *électrogènes*,— et 2° *les appareils électriques*, où les courants sont engendrés par la présence de ces substances électro-positives et électro-négatives. Enfin les rapports réciproques, déterminés par l'*excitation*, qui existent entre les électro-moteurs organisés et les matières électrogènes nécessaires à la charge de ces appareils, doivent être examinés. Il sera aussi utile de présenter séparément les phénomènes purement *physiques*, tels que la mensuration de l'électricité animale, et les phénomènes *chimiques*.

VII. — *Théorie du mouvement des animaux.*

Tous les animaux manifestent, durant leur vie, des phénomènes de mouvement qui, en tant qu'ils sont fonctionnels, se réalisent sans exception au moyen de contractions et d'expansions. Les mouvements des animaux qui ne sont point directement produits par la contraction et l'extension des tissus contractiles,—ou sont passifs, et ne présentent alors aucun intérêt physiologique (comme la chute ou le transport en voiture), ou sont, comme les courants liquides et les courants des gaz de la respiration, les résultats du mouvement contractile. Dans tous les cas, là où les mouvements animaux sont bien des phénomènes vitaux, ils ont pour fondement la contractilité.

L'investigation physiologique, en comparant et en remontant la série généalogique des êtres, doit examiner ici à quelles formes organiques appartient cette propriété de *se contracter sous l'action d'un excitant (stimulus), et de revenir ensuite aux mêmes dimensions;* quels tissus constituent les *appareils de mouvement,* en tant qu'ils renferment ces éléments contractiles; et, enfin, quels *excitants* déterminent ceux-ci à se contracter. Les phénomènes *mécaniques* devront être considérés à part des phénomènes *chimiques* qui les accompagnent.

Mais pour s'éclairer sur les causes et sur la nature propre des mouvements des animaux, il est en outre nécessaire de grouper tous les mouvements (accessibles à l'observation) des animaux de tout ordre d'après la nature des excitants correspondants, et de tenir compte en même temps des processus psychiques qui échappent encore à la mécanique et à la chimie.

A ces processus psychiques appartient la *volonté,* laquelle est liée à des processus chimiques qui s'accomplissent dans les cellules nerveuses.

VIII. — *Théorie de l'activité des sens.*

Durant leur vie, tous les animaux se comportent, en présence des excitants qui agissent sur eux, comme si, de même que l'homme, ils possédaient une faculté de sentir et, partant, étaient capables de discernement. Même au point de vue heuristique, l'hypothèse que tout protoplasma, que tout ce qui vit, par conséquent, réagit contre certaines impressions, parce qu'il *sent*, est justifiée.

L'investigation physiologique part de là; tout d'abord elle constate ce qui est *sensible* pour les animaux les plus inégalement élevés en organisation; puis, par voie de comparaison et d'examen génétique, elle étudie les *appareils de sensation* (organes des sens), et, enfin, les rapports et les modifications réciproques de l'objet et du substratum fonctionnels (du *sensible* et des *appareils de sensation*) sous l'influence de l'*excitation*, — bref, l'*activité des sens*, qui chez les organismes supérieurs débute toujours par une *excitation des nerfs*; à cette excitation succède une *sensation*, laquelle s'ordonne en *perception* dans le *temps* et dans l'*espace*. Si la causalité s'ajoute encore à celle-ci, la perception s'élève à l'*idée*. Aussi bien avec l'idée qu'avec la perception peuvent se trouver combinés des *sentiments*; mais ceux-ci supposent toujours une sensation.

Toutes ces modifications psychiques sont liées à des processus chimiques qui s'accomplissent dans des cellules nerveuses, et elles se produisent seulement lorsque ces cellules ont été excitées par certains mécanismes et aussi par des processus chimiques qui ont leur siège dans les organes périphériques des sens. On nomme *psychophysique* la doctrine qui étudie les rapports des sensations et des états psychiques consécutifs avec les excitants sensibles. On appelle *psychochimie* la science des processus chimiques qui sont la condition de ces phénomènes psychiques.

CHAPITRE III

TROISIÈME GROUPE : FONCTIONS DES CHANGEMENTS
MORPHOLOGIQUES

IX. — *Théorie de la croissance.*

Tous les animaux manifestent des phénomènes
de croissance qui, suivant l'âge qu'ils ont, ou pré-
valent contre les tendances régressives des formes
vivantes supérieures, ou leur font équilibre, ou
n'équivalent pas à ces tendances, et demeurent au
dessous. Toute croissance exige qu'il y ait plus
de nourriture assimilée que de substance éli-
minée par le fait de la désassimilation.

L'investigation physiologique doit avant tout
déterminer, pour les animaux les plus divers
et notamment pour les embryons, quelles sont
les *substances appropriées à l'incrément* ou *apposition*, établir *quels tissus* rendent possible cet
incrément substantiel, et comment se forment,
en général et en particulier, qualitativement et
quantitativement, les rapports de ces substances

avec ces tissus, c'est-à-dire, comment ont lieu les *processus de la croissance*.

En outre, le *mécanisme de l'apposition*, avec la mensuration de l'accroissement général et de la multiplication des cellules en voie de développement, doit être exposé à part des *modifications chimiques* qui ont lieu au cours de cet incrément. Il restera enfin à découvrir l'*excitant*, encore tout à fait inconnu, qui est la condition de la croissance.

X. — *Théorie de la génération des animaux.*

Tous les animaux naissent du protoplasma; tous les animaux supérieurs par génération sexuelle. L'étude physiologique de ce processus, non encore soumis à l'analyse mécanique et à l'analyse chimique, examine d'abord, par la méthode comparative et génétique, les matériaux nécessaires à la production d'un nouvel animal, le germe femelle, l'*ovule*, et le germe mâle, le *spermatozoïde*; ensuite, les *appareils de la génération*, où les germes sont élaborés; et enfin l'*excitant* nécessaire à la réunion du germe mâle et du germe femelle dans la fécondation, ainsi que l'acte même de la *fécondation*.

XI. — *Théorie du développement des animaux.*

Tous les animaux se développent, attendu que, après la fécondation de l'œuf, tous sortent de cellules morphologiquement homogènes. Le développement se manifeste par la différenciation de ces cellules plastiques. L'investigation physiologique, procédant par la méthode comparative et génétique, doit tout d'abord déterminer avec exactitude, au point de vue chimique, la nature des matériaux nécessaires à cette différenciation, le *différenciable*, le contenu de l'œuf fécondé. Ensuite elle doit rechercher quels *tissus morphologiques rendent possible la différenciation* des animaux les plus divers, dans l'œuf et après la naissance. Enfin, elle a à examiner les *processus de différenciation* eux-mêmes, dépendant à la fois de ces tissus et du différenciable, processus qui se réalisent sous l'action d'*excitants* encore inconnus.

XII. — *Théorie de la transmission héréditaire chez les animaux.*

Tous les animaux possèdent des propriétés qui indiquent leur descendance d'ancêtres semblables. Lorsqu'on peut prouver que ces propriétés ont été transmises immédiatement ou médiatement par ces ancêtres, elles sont appelées héréditaires.

Voici les trois questions auxquelles a à répondre l'étude physiologique des phénomènes de l'hérédité, considérée comme processus vital : 1. Quelles *substances* sont directement

transmises des parents au produit de la génération, de manière que les propriétés héréditaires apparaissent plus tard ? Les substances
doivent être contenues dans l'ovule et dans
le sperme ; 2. Quelles *parties organiques* transmettent ces propriétés ? Seuls, le germe mâle et
le germe femelle peuvent permettre à cette transmission de se réaliser ; il y a donc à rechercher
l'origine de ces germes ; 3. Comment le *processus
de la transmission héréditaire* s'accomplit-il ? En
d'autres termes, sous l'influence de quels *excitants* les matériaux héréditaires se déposent-ils
dans les germes, et, une fois ceux-ci réunis, y
déploient-ils leurs activités ?

Ce n'est que par voie de développement, et
jamais subitement, que peut avoir lieu le déploiement de ces activités, de ces propriétés
qui existent en puissance, c'est-à-dire à l'état
de *disposition organique*, dans l'œuf et dans
le spermatozoïde, et qui ne deviendront actuelles que dans l'avenir. Chez tous les animaux
qui naissent d'œufs, toutes les propriétés héréditaires, on l'entend de reste, sont innées dans
cette disposition.

Tout ce qui est inné n'est pas héréditaire, mais
tout ce qui est héréditaire est inné de cette manière. En général, et à la rigueur, il n'y a d'inné
chez les animaux supérieurs que ces *dispositions
organiques*. Comme elles sont presque inacces-
sibles à l'art de l'expérimentation physiologique,
il convient, pour essayer de répondre aux ques-

tions posées ci-dessus, d'appliquer avant tout la méthode comparative et génétique aux formes inférieures de la vie animale, lesquelles sont moins complexes et possèdent un nombre moindre de ces dispositions.

FIN

TABLE DES MATIÈRES

DEUXIÈME PARTIE

TROISIÈME PARTIE